悦读科学丛书

发现的乐趣

奇形怪状的维度之旅

邱为钢 黄 晶

著

清華大學出版社

北 京

内 容 简 介

有一种传言，认为几何的起源来自丈量土地的实际需求，但也有一些奇形怪状几何物体来自生活中，只要你有强烈的好奇心和持续的探索欲去发现和探究。儿科医生想知道削好完整的苹果皮平铺在桌面上是什么曲线，汽车工程师想知道能容纳最多糯米的四面体粽子表面是什么曲面，小视频平台观众想知道正四面体框架内的莱洛四面体肥皂泡的体积和表面积。包括以上类似问题的答案均可以在本书找到。本书从日常生活的有趣现象中收集整理了各 10 种一维曲线、二维曲面和三维立体，从数学和物理理论上严格推导了这些几何体的解析表达式，并给出了数学软件程序的代码，方便读者观看和演示。

本书适合对数学仍旧保持童心的读者阅读，也可作为中小学 STEAM（Science、Techonolgy、Engineering、Arts、Methematic）教育的参考辅导读物。

图书在版编目（CIP）数据

发现的乐趣：奇形怪状的维度之旅/邱为钢，黄晶著. —北京：清华大学出版社，2023.8
（悦读科学丛书）
ISBN 978-7-302-62826-2

Ⅰ. ①发… Ⅱ. ①邱… ②黄… Ⅲ. ①物理学—普及读物 Ⅳ. ①O4-49

中国国家版本馆 CIP 数据核字（2023）第 060936 号

责任编辑：鲁永芳
封面设计：常雪影
责任校对：欧 洋
责任印制：曹婉颖

出版发行：清华大学出版社
   网 址：http://www.tup.com.cn，http://www.wqbook.com
   地 址：北京清华大学学研大厦 A 座   **邮 编**：100084
   社 总 机：010-83470000   **邮 购**：010-62786544
   投稿与读者服务：010-62776969，c-service@tup.tsinghua.edu.cn
   质量反馈：010-62772015，zhiliang@tup.tsinghua.edu.cn
印 装 者：河北华商印刷有限公司
经 销：全国新华书店
开 本：170mm×240mm   **印 张**：9.75   **字 数**：182 千字
版 次：2023 年 8 月第 1 版   **印 次**：2023 年 8 月第 1 次印刷
定 价：56.00 元

产品编号：090678-01

前言

世面上已经有不少有趣的数理科普书,国外的如大师加德纳系列,国内的如顾森的《思考的乐趣》,蒋讯的《数学都知道》,曹则贤的《惊艳一击》。为何还要写一本数理的高级科普书?一是个人的喜好、风格、品味不同,多一本就是多一道风景。作为不多见的数理科普书,多多益善。二是本书中的这些小问题其他同类书多未涉及。譬如苹果皮整个削完后平铺在桌面上的曲线;自行车刹车线两端捻在一起在三维空间呈现的曲线;两个平行共轴正三角形之间的肥皂膜形状;塑料片搭建起来的超级足球烯;……这些小玩意儿,生活中随处可见,自己动手也能做得出来,但是想要完全理解这些线、面、体形状背后的数学和物理原理,则需要强烈而持续的兴趣。有些问题,我至少花了 8 年时间才稍微明白。本书的定位是高级科普,如何处理文字与公式之间的比重,是个十分棘手的问题。对于简单偏数学的问题,公式多一点;对于复杂有物理背景的问题,则主要给出思路,公式相对少一些。本书中的三维图形和动画,纸张不能展现其风采的十分之一,幸好有数学软件如Mathematica,Maple 等,可以全方位展现。本书最有价值的部分就是给出了每节的计算程序,几乎都是原创的。感兴趣的读者可以扫描二维码下载、运行,方便读者动手验证,尝试一下探索的乐趣。总之本书的阅读方式是读者可以随便翻,先发现你最感兴趣的图,再尝试运行各问题后的程序,想继续探究的话再来阅读文字和公式。

　　我写书的一贯目的是分享。我喜欢发现有趣的东西，挑战自己的智力极限，记录发现的过程和乐趣，并十分愿意介绍给读者。书中的内容本人也并未完全掌握，希望可以和读者共同探索。

邱为钢

2023 年 6 月

目录

CONTENTS

第一章

奇妙的线

1 苹果皮曲线

微博博主"儿科医生赵娟"2020 年 12 月 16 日在微博上问了这样一个有趣的问题：赵大夫一刀削了一条完整的苹果皮，想起了一道智力题，如果把苹果皮铺在桌面上，会是什么形状呢？她给出平铺在桌面上的苹果皮曲线如图 1-1 所示。

图 1-1　削下来的完整苹果皮铺在桌面上的曲线

2021 年元旦，我把这个问题转发到慕理书屋微信群里，重庆一中的物理奥赛教练李忠相老师给出了圆满的答案。他的解答如下。

为了简便起见，将苹果视为一个标准的球形，将其半径记为 R，削出的苹果皮宽度处处相等，皆为 a。让刀口从最高点 Q 开始切入，把刀口所在处 P 与球心 O 的连线 PO 与竖直线 OQ 的夹角记为 θ。那么切入处 $\theta = 0$；刀口每转一圈，θ 增加 a/R；当 $\theta = \pi/2$ 时，苹果削至一半；当 $\theta = \pi$ 时，苹果削完。若果皮宽度 a 取值较小，可认为刀口转动一周的过程中 θ 变化量较小，刀口的路径接近水平。

从 $\theta = 0$ 刀口切入，到 θ 处，削下苹果皮可视为一球冠，其总面积为

$$A = 2\pi R^2 (1 - \cos\theta) \tag{1-1}$$

相应果皮的总长度为

$$S = \frac{A}{a} = \frac{2\pi R^2 (1 - \cos\theta)}{a} \tag{1-2}$$

微分可得长度微元 dS 和参量 θ 微元 $d\theta$ 之间的关系为

$$dS = \frac{2\pi R^2}{a} \sin\theta \, d\theta \tag{1-3}$$

在 θ 处，一圈苹果皮的周长为

$$l = 2\pi R \sin\theta \tag{1-4}$$

由于果皮有宽度 a，果皮两边对应的 θ 有差异

$$\Delta\theta = \frac{a}{R} \tag{1-5}$$

果皮两边的周长也有差异

$$\Delta l = 2\pi R \cos\theta \, \Delta\theta = 2\pi a \cos\theta \tag{1-6}$$

平放至平面后，由于两边周长差，导致果皮延伸方向偏转了一个角度

$$\Delta\alpha = \frac{\Delta l}{a} = 2\pi \cos\theta \tag{1-7}$$

果皮长度微元 dS 对应的偏转角微元为

$$d\alpha = \frac{dS}{l} \Delta\alpha = \frac{2\pi R}{a} \cos\theta \, d\theta \tag{1-8}$$

积分可得从 $\theta = 0$ 到 θ 处，果皮平放后延伸方向总的偏转角为

$$\alpha = \frac{2\pi R}{a} \sin\theta \tag{1-9}$$

以平放后 $\theta=0$ 处果皮的延伸方向为 x 轴,建立平面直角坐标系,则参量 θ 处,果皮伸长方向与 x 轴的夹角为 α,于是有

$$\begin{cases} \mathrm{d}x = \mathrm{d}S \cdot \cos\alpha \\ \mathrm{d}y = \mathrm{d}S \cdot \sin\alpha \end{cases} \tag{1-10}$$

代入具体表达式为

$$\begin{cases} \mathrm{d}x = \dfrac{2\pi R^2}{a}\sin\theta\cos\dfrac{2\pi R\sin\theta}{a}\mathrm{d}\theta \\ \mathrm{d}y = \dfrac{2\pi R^2}{a}\sin\theta\sin\dfrac{2\pi R\sin\theta}{a}\mathrm{d}\theta \end{cases} \tag{1-11}$$

由(1-9)式可知,当 $0<\theta<\pi/2$ 时,总偏转角 α 随参量 θ 的增加而增加;当 $\pi/2<\theta<\pi$ 时,总偏转角 α 随参量 θ 的增加而减小,即开始反向绕转;当 $\theta=\pi$ 时,总偏转角 α 因为正反抵消而归零。定性分析与实际情况符合。对(1-11)式积分即可得到 x、y 分量坐标的参数方程,但这个积分似乎不太容易完成,可以借助数学软件来计算画图。定义一个参数 $k=R/a$,当 $k=6.5$ 时,苹果皮的理论曲线如图 1-2 所示。

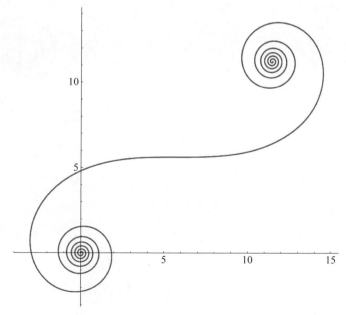

图 1-2　苹果皮的理论曲线

为了与计算模型更加贴近和操作方便，李忠相老师把一个半径为 $R=3.25$ cm 的海洋球剪成宽度为 $a=0.5$ cm 的条状，再将其平铺于平面上。海洋球皮展开曲线的实物如图 1-3 所示。

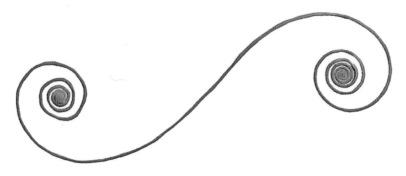

图 1-3　海洋球皮展开曲线的实物图

取合适的相似比和转动角度，海洋球皮展开曲线实物和理论拟合曲线对比图如图 1-4 所示。

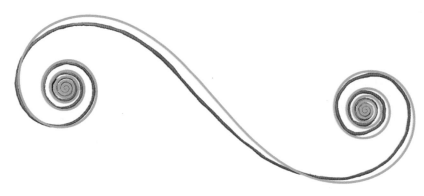

图 1-4　海洋球皮展开曲线的实物和理论对照图

本书所用的数学软件是 Mathematica，简称 MMA。MMA 编制的程序请扫描 Ⅰ 页二维码下载。

讨论如下：数学上，球面不可能完全展开为平面，实际操作中，海洋球剪下部分是不可能完全贴平在桌面上的，剪下部分的宽度不可能处处一样，种种原因，导致实物曲线与理论曲线有差别，但是两个曲线整体趋势是一样的。

2　追击曲线

正三角形三个顶点上有三个追击者,以不变的速率追击下一位。由于体系有很强的对称性,很容易知道他们会在有限时间内追击到同一点——正三角形的中心。那么任意三角形上,三个追击者需要满足什么条件能在同一点相遇? 这个点是原来三角形的什么内点?

从运动学出发,如果存在一个中心点,追击者的位形是旋转缩小的相似三角形,旋转中心是中心点,追击者相对中心点的距离成比例匀速缩小,各点速度方向与矢径方向的夹角 θ 不变且相等。这种情况满足追击条件:每个追击者的速率不变,追击方向始终对准下一个。设三角形初始位置是 A_1、A_2、A_3,相应的边长为 l_1、l_2、l_3,内角为 α_1、α_2、α_3。相遇点 P 就是三角形的布洛卡点(Brocard's point),θ 就是布洛卡角,满足

$$\angle PA_1A_2 = \angle PA_2A_3 = \angle PA_3A_1 = \theta, \quad \cot\theta = \frac{l_1^2 + l_2^2 + l_3^2}{4\Delta} \quad (2\text{-}1)$$

式中 Δ 是三角形的面积。复数形式下布洛卡点的坐标和三角形三个顶点的坐标有如下关系:

$$z_B = \frac{l_2^{-2}z_1 + l_3^{-2}z_2 + l_1^{-2}z_3}{l_2^{-2} + l_3^{-2} + l_1^{-2}}$$

设 P 点到三个顶点的距离为 m_1、m_2、m_3,由于追击速度与矢径的夹角不变,那么速率之比等于径向速度之比,而径向速度又正比于矢径的长度。这样,三个追击速率之比为

$$v_1 : v_2 : v_3 = m_1 : m_2 : m_3 = \frac{l_2}{l_1} : \frac{l_3}{l_2} : \frac{l_1}{l_3} = k_1 : k_2 : k_3 \quad (2\text{-}2)$$

只有满足这样的初始速度条件,才能相遇到布洛卡点 P。设第一个追击者的速率为 k_1v,起始点与布洛卡点的距离 $m_1 = k_1r$,那么矢径与时间的关系是

$$r_1(t) = k_1(r - vt\cos\theta) \quad (2\text{-}3)$$

角速度满足

$$\omega(t)r_1(t)=k_1 v\sin\theta \tag{2-4}$$

积分得到

$$\phi(t)-\phi_1=\tan\theta\ln[m_1/r_1(t)] \tag{2-5}$$

化简得到

$$r_1=m_1\exp[-\cot\theta(\phi-\phi_1)] \tag{2-6}$$

在极坐标下是对数螺线。等腰直角三角形上的追击曲线如图 2-1 所示。

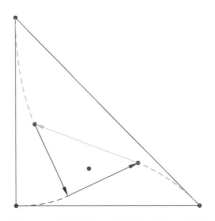

图 2-1 等腰直角三角形上的追击曲线

如果把以上处理方法推广到四面体,认为四个空间追逐者也是以四面体的布洛卡点为中心(相遇点),矢径按比例匀速减小,同时转动。这样的处理方法,对于最简单的正四面体追逐问题就会出现矛盾。假定四个追逐者的速率为 1,正四面体的四个顶点分别为 $A_1(1,1,1)$,$A_2(1,-1,-1)$,$A_3(-1,-1,1)$,$A_4(-1,1,-1)$,那么相邻两个追击者相遇时间为 $T=4\sqrt{2}/3=1.8856$。任意一个追逐者到达相遇点的时间为 $T=3/\sqrt{2}=2.1213$。这两个时间显然不等。所以追击者的位形不同于三角形的结论,同一时刻的四个点不再组成一个正四面体。我们可以通过数值求解追击方程来验证。数值计算得到追击时间为 $T=2.2956$,相遇到原点。在追击过程中任一时刻满足

$$l_{12}=l_{23}=l_{34}=l_{41}, \quad l_{13}=l_{24}, \quad l_{13}\perp l_{24} \tag{2-7}$$

即追击者位于绕 z 轴旋转的不断缩小的长方体的四个顶点上，长宽相等，而不是原先设想的正方体的四个顶点上。某一时刻四个追击者的追击曲线如图 2-2 所示。

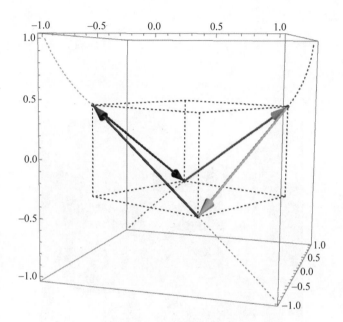

图 2-2　正四面体上四个相互追击者的追击曲线

对于任意的四面体，四个追击者相遇到一点的初始条件，目前我还没有算出来。期望有读者来解决这个难题。

MMA 编制的程序请扫描Ⅰ页二维码下载。

3 自行车车轨

自行车前后两个轮胎在雪地上滚动，留下两条轨迹，如何判断哪条是前、哪条是后？参考书籍 *Which Way Did The Bicycle Go* 封面就是两个侦探在研究雪地上的自行车轨迹，如图 3-1 所示。

图 3-1　哪个轨迹是前轮的

实践和理论表明，方向变化剧烈的是前胎轨迹，方向变化缓慢的是后胎轨迹。这个有趣的问题可以抽象为以下数学物理模型：一个质点在一段曲线（后胎轨迹）上运动，沿着切线方向延伸固定长度为另一点，这个点的运动轨迹就是前胎轨迹。假定后胎曲线的弧长参数坐标是 $r(s)$，那么 $r'(s)$ 就是切线方向。沿着这个切线方向延伸 l 距离，就是正方向的前胎坐标

$$r_1(s) = r(s) + lr'(s) \tag{3-1}$$

沿着这个切线反方向延伸 l 距离，另一个"虚拟"对偶前胎坐标是

$$r_2(s) = r(s) - lr'(s) \tag{3-2}$$

先考查正方向的前胎,其表达式为(3-1)式,两边对弧长参数 s 求导,得到

$$r_1'(s) = r'(s) + lr''(s) \tag{3-3}$$

由弧长参数本身定义

$$r'(s) \cdot r'(s) = 1 \tag{3-4}$$

两边对弧长 s 求导,得到

$$r'(s) \cdot r''(s) = 0 \tag{3-5}$$

这说明 $r'(s)$ 和 $r''(s)$ 是垂直的。为计算方便,采用复数形式

$$r''(s) = i\kappa r'(s) \tag{3-6}$$

式中 κ 是后胎曲线的曲率

$$\kappa = |r''(s)| \tag{3-7}$$

这样(3-3)式可以写为

$$r_1'(s) = r'(s) + il\kappa r'(s) = (1 + il\kappa)r'(s) \tag{3-8}$$

设前胎曲线弧长参数为 s_1,那么由(3-8)式可知

$$ds_1 = |dr_1(s)| = |r_1'(s)| ds = \sqrt{1 + l^2\kappa^2} \, ds \tag{3-9}$$

设前胎曲线切线方向与后胎曲线切线方向的夹角为 θ,由(3-3)式可以看出,$r'(s)$ 和 $lr''(s)$ 是直角三角形的两条边,即

$$\tan\theta = l\kappa \tag{3-10}$$

由前后胎轨迹的联系(3-8)式,计算得到前胎曲率表达式

$$\kappa_1 = \frac{\sin\theta}{l} + \frac{d\theta}{ds_1} \tag{3-11}$$

考虑一个最简单的例子,前胎轨迹是直线,譬如说 x 轴,那么 $\kappa_1 = 0$,(3-11)式化为

$$\frac{\sin\theta}{l} + \frac{d\theta}{ds_1} = 0 \tag{3-12}$$

作变量代换 $p = \tan(\theta/2)$,(3-12)式化为

$$\frac{p}{l} + \frac{dp}{ds_1} = 0$$

其解为

$$p = c\exp(-s_1/l)$$

如果取待定参数 c 为 1，那么

$$\theta = 2\arctan[\exp(-s_1/l)]$$

后胎曲线的参数方程是

$$x(s_1) = s_1 - l\cos\{2\arctan[\exp(-s_1/l)]\}$$

$$y(s_1) = l\sin\{2\arctan[\exp(-s_1/l)]\}$$

虚拟对偶前胎的参数方程是

$$x_f(s_1) = s_1 - 2l\cos\{2\arctan[\exp(-s_1/l)]\}$$

$$y_f(s_1) = 2l\sin\{2\arctan[\exp(-s_1/l)]\}$$

这个曲线和前胎轨迹曲线-x 轴，文献上称为"自行车对应"（bicycle correspondence）。这三个曲线如图 3-2 所示，其中虚线是虚拟对偶前胎的轨迹。

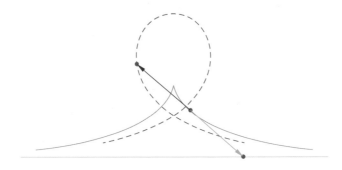

图 3-2　前胎轨迹是直线的后胎轨迹，以及"反向"滚动的前胎轨迹

与实际自行车轨迹相比，图 3-2 中虚线表示的"反向"前胎，是真实的前胎，方向剧烈变化。

MMA 编制的程序请扫描 I 页二维码下载。

4   嵌合雪花片滚动曲线

儿童玩具雪花片一般有 8 个缺口,每个缺口之间正好能相互嵌合。嵌合的雪花片能在地面上扭摆地滚动起来,如图 4-1 所示。请扫右侧二维码观看视频。

雪花片.wmv

那么,如何从运动学的角度来解释这种滚动行为? 它的质心轨迹是什么? 它与地面两个接触点的轨迹又是什么? 从模型角度看,就是两个一样的圆盘,垂直相交,主要参数是圆盘的半径和圆心距。我们要研究这个约束刚体-嵌合圆盘在地面上纯滚动的模式。

图 4-1   垂直嵌合的雪花片

如图 4-2 所示,O_1、O_2 是两个圆的圆心,O 是体系的质心,位于线段 O_1O_2 的中点。A_1、A_2 是两个圆与地面的接触点,在点 A_1、A_2 处两个圆的切线和 O_2O_1

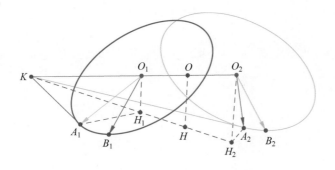

图 4-2   嵌合圆盘的几何描述

的延长线交于地面同一点 K。B_1、B_2 是两个圆上的固定点，起始时刻与地面接触。H_1、H、H_2 分别是 O_1、O、O_2 在地面的投影（垂足）。

定义 θ_1、θ_2 是两个圆的角度参数，β 是圆心连线与地面的倾斜角，那么有

$$\angle O_1 K A_1 = \angle A_1 O_1 B_1 = \theta_1, \quad \angle O_2 K A_2 = \angle A_2 O_2 B_2 = \theta_2, \quad \angle OKH = \beta$$

于是

$$O_1 K \sin\theta_1 = O_1 A_1, \quad O_2 K \sin\theta_2 = O_2 A_2$$

设两个圆的半径为单位 1，圆心距 $O_1 O_2 = k$，由 $O_2 K - O_1 K = O_1 O_2$ 得到

$$\frac{1}{\sin\theta_2} - \frac{1}{\sin\theta_1} = k \tag{4-1}$$

由立体几何知识可知

$$\tan\beta = \frac{\tan\theta_1 \tan\theta_2}{\sqrt{\tan^2\theta_1 + \tan^2\theta_2}} \tag{4-2}$$

由图 4-2 可知

$$OH = OK \sin\beta, \quad 2OK = O_1 K + O_2 K$$

由(4-1)式、(4-2)式计算得到嵌合圆盘质心的纵坐标 $z_c = OH$ 为

$$z_c = \left(\frac{1}{\sin\theta_1} + \frac{k}{2}\right)\sin\beta = \frac{1 + \dfrac{k}{2}\sin\theta_1}{\sqrt{(k^2 - 1)\sin^2\theta_1 + 2k\sin\theta_1 + 2}} \tag{4-3}$$

此时如果(4-3)式两边对 θ_1 求导，得到

$$\frac{\mathrm{d}z_c}{\mathrm{d}\theta_1} = -\frac{(k^2 - 2)\cos\theta_1 \sin\theta_1}{2[2 + 2k\sin\theta_1 + (k^2 - 1)\sin^2\theta_1]^{3/2}} \tag{4-4}$$

可以看出，当圆心距 $k = \sqrt{2}$ 时，嵌合圆盘滚动时，质心高度会保持 $\sqrt{2}/2$ 不变。

接下来求圆盘 1 所在平面与竖直平面的夹角 δ 的余弦。设 $\overrightarrow{O_1 B_1}$ 延长线交于地面一点 F，从 O_1 作一条垂直于 $O_1 O_2$ 的线交地面于 G。那么

$$O_1 G = O_1 K \tan\beta, \quad O_1 F = O_1 K \tan\theta_1$$

$\triangle O_1GF$ 是一个直角三角形,且 $\delta = \angle GO_1F$

$$\cos\delta = \frac{O_1G}{O_1F} = \frac{\tan\beta}{\tan\theta_1} = \frac{\cos\theta_1}{\sqrt{(k^2-2)\sin^2\theta_1 + 2k\sin\theta_1 + 2}} \qquad (4-5)$$

设起始时刻圆心的连线 O_1O_2 与地面平行,并以此为 x 轴方向,垂直地面向上为 z 轴方向,与 x 轴和 z 轴都垂直的方向定为 y 轴方向。而绕质心 O 的转动可以分解为三个连续转动:第一个转动是绕 z 轴转动 ϕ 角度,这时 $Oxyz$ 转化为 $Ox'y'z'$;第二个转动是绕 y' 轴转动 $-\beta$ 角度,这时 $Ox'y'z'$ 转化为 $Ox''y''z''$;第三个转动是绕 x'' 轴转动 $-\psi$ 角度;设 $R(\boldsymbol{n},\varphi)$ 表示绕 $\boldsymbol{n}$(单位矢量)方向转动 φ 角度的转动矩阵,质心系坐标系为 $\boldsymbol{r}$ 的一点在体系滚动后相对地面的坐标系的位矢是

$$\boldsymbol{r} = \boldsymbol{r}_c + R(\boldsymbol{i''},-\psi)R(\boldsymbol{j'},-\beta)R(\boldsymbol{k},\phi)\boldsymbol{r'} \qquad (4-6)$$

式中,

$$\boldsymbol{k} = (0,0,1), \quad \boldsymbol{j'} = (-\sin\phi,\cos\phi,0) \qquad (4-7)$$

$$\boldsymbol{i''} = (\cos\beta\cos\phi,\cos\beta\sin\phi,\sin\beta) \qquad (4-8)$$

由图 4-2 可以看出,A_1 点相对 O 点的矢量为 $\overrightarrow{OO_1} + \overrightarrow{O_1A_1}$,$\overrightarrow{O_1A_1}$ 可以沿着两个正交方向 $\overrightarrow{O_1B_1}$ 和 $\overrightarrow{O_1K}$ 分解,由此计算得到 A_1、A_2 在质心系中坐标分别为

$$\boldsymbol{r'_1} = (-k/2 - \sin\theta_1, -\cos\theta_1/\sqrt{2}, -\cos\theta_1/\sqrt{2}) \qquad (4-9)$$

$$\boldsymbol{r'_2} = (-k/2 - \sin\theta_2, \cos\theta_2/\sqrt{2}, -\cos\theta_2/\sqrt{2}) \qquad (4-10)$$

体系滚动后 A_1、A_2 与地面接触,即相对地面坐标的第三分量始终为零,计算得到 ψ 角度满足的条件为

$$\cos(\psi + \pi/4) = \frac{\cos\theta_1}{\sqrt{(k^2-2)\sin^2\theta_1 + 2k\sin\theta_1 + 2}} \qquad (4-11)$$

这个结果与立体几何计算得到的结果(4-5)式一致。

再看体系绕质心转动的角速度,总角速度是三个转动角速度的矢量和

$$\boldsymbol{\omega}=\frac{\mathrm{d}\phi}{\mathrm{d}t}\boldsymbol{k}-\frac{\mathrm{d}\beta}{\mathrm{d}t}\boldsymbol{j}'-\frac{\mathrm{d}\varphi}{\mathrm{d}t}\boldsymbol{i}'' \tag{4-12}$$

体系作纯滚动的必要条件是 A_1、A_2 相对地面的速度为零，即

$$\frac{\mathrm{d}\boldsymbol{r}_1}{\mathrm{d}t}=\frac{\mathrm{d}\boldsymbol{r}_c}{\mathrm{d}t}+\boldsymbol{\omega}\times(\boldsymbol{r}_1-\boldsymbol{r}_c)=\boldsymbol{0} \tag{4-13}$$

$$\frac{\mathrm{d}\boldsymbol{r}_2}{\mathrm{d}t}=\frac{\mathrm{d}\boldsymbol{r}_c}{\mathrm{d}t}+\boldsymbol{\omega}\times(\boldsymbol{r}_2-\boldsymbol{r}_c)=\boldsymbol{0} \tag{4-14}$$

(4-14)式减去(4-13)式，得到

$$\boldsymbol{\omega}\times(\boldsymbol{r}_1-\boldsymbol{r}_2)=\boldsymbol{0} \tag{4-15}$$

(4-15)式意味着角速度与 A_1A_2 连线平行，或角速度的第三分量为零，由(4-12)式计算得到公转角 ϕ 与自转角 ψ 的关系式

$$\mathrm{d}\phi=\sin\beta\mathrm{d}\psi \tag{4-16}$$

以及角速度的表达式

$$\boldsymbol{\omega}=\left(\frac{\mathrm{d}\beta}{\mathrm{d}t}\sin\phi-\frac{\mathrm{d}\psi}{\mathrm{d}t}\cos\beta\cos\phi,-\frac{\mathrm{d}\beta}{\mathrm{d}t}\cos\phi-\frac{\mathrm{d}\psi}{\mathrm{d}t}\cos\beta\sin\phi,0\right) \tag{4-17}$$

由图 4-2 可以看到，在地面固定坐标系中，$\boldsymbol{r}_1$（A_1 点位移）减去 $\boldsymbol{r}_c$（O 点位移）为

$$\boldsymbol{r}_1-\boldsymbol{r}_c=(x_1-x_c,y_1-y_c,-z_c) \tag{4-18}$$

把(4-17)式和(4-18)式代入(4-13)式，计算得到

$$\begin{cases}\mathrm{d}x_c=-z_c(\cos\beta\sin\phi\,\mathrm{d}\psi+\cos\phi\,\mathrm{d}\beta)\\[2mm]\mathrm{d}y_c=z_c(\cos\beta\cos\phi\,\mathrm{d}\psi-\sin\phi\,\mathrm{d}\beta)\end{cases} \tag{4-19}$$

　　数值求解微分方程组(4-19)、(4-16)、(4-11)、(4-3)，就能得到质心坐标 x_c、y_c、z_c，转动角度 ϕ、β、ψ 与参数角 θ_1 或 θ_2 的关系式，进而画出体系与地面接触点形成的轨迹以及滚动动画模拟。当圆心距等于圆盘半径的 $\sqrt{2}$ 倍时，即质心高度保持不变，嵌合圆盘滚动模拟如图 4-3 所示。

　　计算还发现，当两个圆盘大小不一时，圆心距取合适的长度，嵌合圆盘能作周期对称性运动，三重对称性的嵌合圆盘的滚动模拟如图 4-4 所示。

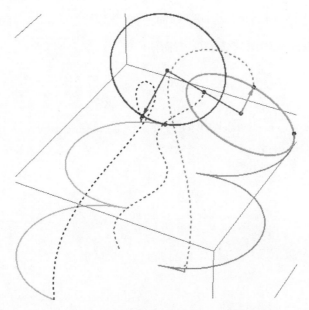

图 4-3 质心高度不变嵌合圆盘的滚动模拟

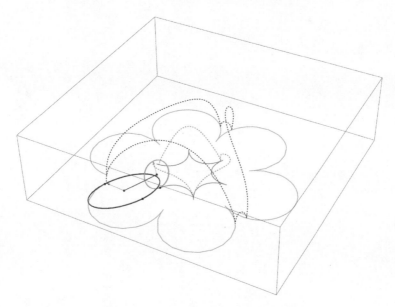

图 4-4 大小不同嵌合圆盘的滚动模拟

本节的程序和 Hiroshi Ira 用数学方法编制的程序,都是 2011 年开始的。用物理方法编制的程序,相对数学方法更加简洁,且能推广到大小不同的圆环。

MMA 编制的程序请扫描Ⅰ页二维码下载。

参 考 文 献

[1]　HIROSHI I. Two circle roller[EB/OL]. http://ilabo. bufsiz. jp/.

5　方轮和轨道

人类发明的圆形车轮大大解决了运输东西的困难,但是为何没有正方形车轮呢?这种方轮在什么样的轨道上能平稳行驶,保持轴心高度不变?有大量的文献讨论过这个问题,不少科技馆中还有实物模型,如图 5-1 所示。

图 5-1　方轮自行车和轨道

我们继续脑洞大开,任意给出一个车轮形状曲线,给定轴心位置,是否存在一个统一的处理方法,把对应的轨道曲线求出来?轨道曲线给定了,反过来能求出来对应的车轮曲线吗?这个对应是唯一的吗?这个问题于 2016 年首先被巴西的瓦拉达雷斯(Valadares)解决,但他的表达式用横坐标 x 来表达,不是很简洁。我们从简单的物理原理出发,找到了一种优美的解法。

设起始时刻车轮质心(轴心)与地面参考系的原点重合,在此质心参考系中,车轮曲线坐标是 (x', y'),在时刻 t,质心向右正方向运动到 (x_c, y_c),同时车轮绕质心顺时针转动 θ 角度。那么在地面参考系中,车轮上一点的坐标是

$$\begin{pmatrix} x \\ y \end{pmatrix} = \begin{pmatrix} x_c \\ y_c \end{pmatrix} + \begin{pmatrix} \cos\theta & \sin\theta \\ -\sin\theta & \cos\theta \end{pmatrix} \begin{pmatrix} x' \\ y' \end{pmatrix} \tag{5-1}$$

设在时刻 t，(x, y) 是车轮与轨道的接触点，即 (x, y) 满足轨道曲线方程 $F(x, y) = 0$，对应的质心参考系坐标 (x', y') 满足车轮曲线方程 $G(x', y') = 0$。纯滚动约束要求车轮上这点相对地面的速度为零，即

$$\begin{pmatrix} \mathrm{d}x/\mathrm{d}t \\ \mathrm{d}y/\mathrm{d}t \end{pmatrix} = \begin{pmatrix} \mathrm{d}x_c/\mathrm{d}t \\ \mathrm{d}y_c/\mathrm{d}t \end{pmatrix} + \frac{\mathrm{d}\theta}{\mathrm{d}t} \begin{pmatrix} -\sin\theta & \cos\theta \\ -\cos\theta & -\sin\theta \end{pmatrix} \begin{pmatrix} x' \\ y' \end{pmatrix} = \mathbf{0} \tag{5-2}$$

平稳行驶要求车轮质心纵坐标 y_c 保持不变，所以(5-2)式第二行等式为

$$\mathrm{d}\theta/\mathrm{d}t\,(\cos\theta x' + \sin\theta y') = 0 \tag{5-3}$$

角速度一般不为零，(5-3)式有解：

$$\cos\theta x' + \sin\theta y' = 0 \tag{5-4}$$

我们猜测(5-4)式有以下的参数方程表达式：

$$\begin{cases} x' = f(\theta)\sin\theta \\ y' = -f(\theta)\cos\theta \end{cases} \tag{5-5}$$

(5-5)式代入车轮曲线方程 $G(x', y') = 0$，就能确定 $f(\theta)$ 的形式。另外，(5-2)式中的第一行可以化为

$$\mathrm{d}x_c = \mathrm{d}\theta(\sin\theta x' - \cos\theta y') \tag{5-6}$$

把(5-5)式代入(5-6)式，积分得到质心横坐标 x_c 与转动角 θ 的表达式

$$x_c = \int_0^\theta f(\theta)\mathrm{d}\theta = F(\theta) \tag{5-7}$$

通过(5-1)式，地面轨道上的接触点 (x, y) 能表达为转动角 θ 的参数方程形式

$$x = F(\theta), \quad y = -f(\theta) \tag{5-8}$$

(5-8)式就是地面轨道曲线的参数方程，它以形状函数 $f(\theta)$ 为联系，与车轮形状参数方程(5-5)式，形成一对耦合方程。

为了保证车轮在周期轨道上能转 l 次，形状函数 $f(\theta)$ 必须是周期性函数，且满足

$$f(\theta) = f(\theta + 2\pi/l) \tag{5-9}$$

此时,车轮形状具有 l 重对称性,并称 $2\pi/l$ 为转动角的(最小正)周期。

首先研究最典型的方轮,设正方形边长为 2,起始位置一个顶点在最下面,那么方轮的其中一段曲线方程是 $x'-y'=\sqrt{2}$,代入(5-5)式,得到方轮形状函数是

$$f(\theta)=\frac{\sqrt{2}}{\cos\theta+\sin\theta} \tag{5-10}$$

其中转动角参数为 $0<\theta<\pi/2$,即方轮具有 4 重对称性。把(5-10)式代入(5-8)式,计算得到地面轨道曲线的参数方程是

$$x=F(\theta)=\ln\tan\left(\frac{\theta}{2}+\frac{\pi}{8}\right)-\ln\tan\left(\frac{\pi}{8}\right),\quad y=-f(\theta)=-\frac{\sqrt{2}}{\cos\theta+\sin\theta} \tag{5-11}$$

消去参数 θ,在直角坐标系中(5-11)式可以转化为双曲余弦函数的形式,

$$y=-\cosh(x+a) \tag{5-12}$$

式中 $a=\ln\tan(\pi/8)$。当转动角超过 $\pi/2$ 时,轨道形状由(5-11)式周期延伸而成。所以正方形车轮对应的是周期性双曲余弦函数轨道。

如果这个轨道还能对应其他车轮形状,那么这个车轮大小应该不一样。假定新车轮的轴心还是在水平线上平行移动,那么轨道必须竖直方向移动。把(5-11)式对应的轨道整体向下平移距离 c,轨道曲线是

$$x=F(\theta),\quad y=-f(\theta)-c \tag{5-13}$$

平移后的新轨道参数方程(5-13)中 θ 是参数角,而不是物理上的转动角。设新车轮的形状函数为 $g(\phi)$,这里的 ϕ 才是物理上的转动角。由(5-8)式,新轨道形状是

$$x=G(\phi)=\int_0^\phi g(\phi)\mathrm{d}\phi,\quad y=-g(\phi) \tag{5-14}$$

一个周期轨道上,这两种表达式是完全一样的,所以

$$y=-g(\phi)=-f(\theta)-c \tag{5-15}$$

$$\mathrm{d}x=g(\phi)\mathrm{d}\phi=f(\theta)\mathrm{d}\theta \tag{5-16}$$

由(5-15)式和(5-16)式,可以得到新的轨道上车轮转动角 ϕ 与旧轨道参数角 θ 的

关系式

$$\phi = \int_0^\theta \frac{f(\theta)}{f(\theta)+c}\mathrm{d}\theta \tag{5-17}$$

如果要求一个周期轨道上对应参数角 $0<\theta<\pi/2$，转动角 ϕ 转过 $2\pi/l$，即新的车轮具有 l 重对称性，那么轨道竖直平移距离 c_l 必须满足以下等式：

$$\frac{2\pi}{l} = \int_0^{\pi/2} \frac{f(\theta)}{f(\theta)+c_l}\mathrm{d}\theta \tag{5-18}$$

虽然平移距离 c_l 可能有解析表达式，但是对于数学软件来说，解析解和数值解效果其实是一样的，有时数值解反而更方便用于画图和动画模拟，所以统一采用数值解。平移距离 c_l 数值解得到后，代回(5-17)式，仍旧以 θ 为参数，新轨道上 l 重对称性车轮的形状参数方程为

$$\begin{aligned} X_l &= (f(\theta)+c_l)\sin(\phi(\theta,c_l)) \\ Y_l &= -(f(\theta)+c_l)\cos(\phi(\theta,c_l)) \end{aligned} \tag{5-19}$$

对于(5-18)式，数值求得竖直平移距离是

$$c_3 = -0.276819, \quad c_5 = 0.278219$$

由数学软件，得到同一个周期性双曲余弦函数轨道上可以平稳滚动的 $(3,4,5)$ 重对称性车轮，如图 5-2 所示。

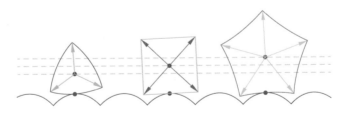

图 5-2　方轮轨道上的 $(3,4,5)$ 重对称性车轮

MMA 编制的程序请扫描 I 页二维码下载。

参 考 文 献

[1]　VALADARES E D C. Periodic roads and quantized wheels[J] American Journal of Physics，2016，84(8)：581-587.

6　球的拓印滚动

　　星球大战中球形机器人 Sphero BB8 的滚动非常滑稽,从物理角度看,球的滚动是相对最稳定的,也是最容易改变方向的。在打网球休息过程中,我们无意间发现网球的一种滚动也是非常有趣的。网球的表面有一条白色的闭合曲线,当网球在平直地面滚动起来的时候,球面上这段白线始终紧贴在地面上。这与中国传统文化中的拓印非常类似,如图 6-1 所示。

图 6-1　网球和球面上的白线

　　从物理模型角度看,就是要求球心与曲线的连线与地面接触点始终垂直于地面。那么,这个网球是怎么滚动的? 地面上的拓印曲线是什么形状? 拓印曲线是闭合的吗? 举一个最简单的例子,球面上的闭合曲线就是大圆,很显然,地面上对应的拓印曲线就是长度为大圆周长的线段的周期延伸,即一条直线。

　　设球面上闭合曲线的参数形式是

$$\boldsymbol{r}(s) = (x(s), y(s), z(s)) \tag{6-1}$$

其中 s 是弧长参数。这个曲线的切向矢量是

$$\boldsymbol{p}(s) = (\mathrm{d}x/\mathrm{d}s, \mathrm{d}y/\mathrm{d}s, \mathrm{d}z/\mathrm{d}s) \tag{6-2}$$

设球半径为 1,起始时刻球心在原点。球面曲线和拓印曲线的弧长参数是一样的。

设地面上的拓印曲线的参数形式是

$$\boldsymbol{m}(s) = (a(s), b(s), -1)$$

切向量是

$$\boldsymbol{q}(s) = (\mathrm{d}a/\mathrm{d}s, \mathrm{d}b/\mathrm{d}s, 0)$$

设从 $\boldsymbol{r}(s)$ 转到 $\boldsymbol{r}(0)$ 的三维转动矩阵是 $R(\boldsymbol{r}(s), \boldsymbol{r}(0))$，那么这个转动操作使得转动后的 $\boldsymbol{r}(s)$ 垂直于地面，且使得球面曲线的切向量 $\boldsymbol{p}(s)$ 变为地面拓印曲线的切向量 $\boldsymbol{q}(s)$，即

$$\begin{pmatrix} \mathrm{d}a/\mathrm{d}s \\ \mathrm{d}b/\mathrm{d}s \\ 0 \end{pmatrix} = R(\boldsymbol{r}(s), \boldsymbol{r}(0)) \cdot \begin{pmatrix} \mathrm{d}x/\mathrm{d}s \\ \mathrm{d}y/\mathrm{d}s \\ \mathrm{d}z/\mathrm{d}s \end{pmatrix} \tag{6-3}$$

解析或者数值求解以上方程，就能得到地面拓印曲线的表达式。球的滚动就能这样描述：球心（质心）先平移到拓印曲线的正上方，然后从 $\boldsymbol{r}(s)$ 转到 $\boldsymbol{r}(0)$。举一个容易算的例子，设球面闭合曲线的参数形式是

$$\boldsymbol{r}(\phi) = \left(\sin\left(\frac{\phi}{2}\right), \frac{\sin\phi}{2}, -\frac{1}{2} - \frac{\cos\phi}{2} \right) \tag{6-4}$$

其中参数 ϕ 的取值范围是 $0 < \phi < 4\pi$，这个球面闭合曲线的形状是 8 字形曲线，如图 6-2 所示。

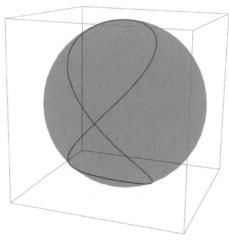

图 6-2　球面上的闭合曲线

由(6-3)式,计算化简得到的拓印曲线的微分方程是

$$\frac{\mathrm{d}a}{\mathrm{d}\phi}=\frac{\sqrt{2}}{2}\cos\left(\frac{\phi}{2}\right)(5-\cos\phi)\left[1+\cos^2\left(\frac{\phi}{2}\right)\right]^{1/2}(3+\cos\phi)^{-3/2} \qquad (6\text{-}5)$$

$$\frac{\mathrm{d}b}{\mathrm{d}\phi}=\frac{\sqrt{2}}{2}(1+3\cos\phi)\left[1+\cos^2\left(\frac{\phi}{2}\right)\right]^{1/2}(3+\cos\phi)^{-3/2} \qquad (6\text{-}6)$$

我的好友默遇给出了这组微分方程的解析解

$$a=\sqrt{2}\ln\left[\frac{1+\sin(\phi/2)/\sqrt{2}}{1-\sin(\phi/2)/\sqrt{2}}\right]-\sin(\phi/2) \qquad (6\text{-}7)$$

$$b=\frac{3}{2}\phi-2\sqrt{2}\arctan\left[\frac{\tan(\phi/2)}{\sqrt{2}}\right]-2\sqrt{2}\left(\frac{\phi}{2\pi}+\frac{1}{2}\right) \qquad (6\text{-}8)$$

设起始时刻 8 字形曲线的交点与地面重合,那么地面上的拓印曲线如图 6-3 所示。

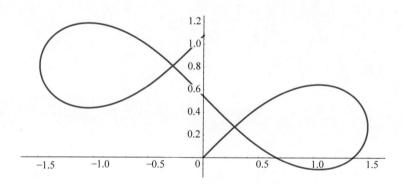

图 6-3　地面上的拓印曲线的一个周期

由图 6-3 可以看出,拓印曲线并不闭合。由数学软件 MMA 编制的程序,得到三维滚动动画模拟的一个片段,如图 6-4 所示。

MMA 编制的程序请扫描 I 页二维码下载。

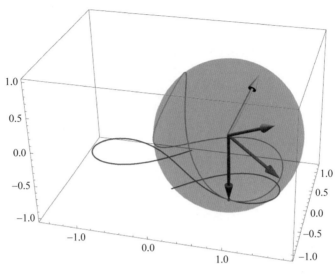

图 6-4　网球拓印滚动模拟

7　球面悬链线

把首尾相连的蛇骨链套在光滑的球面上,其平衡位形除了常见的圆环状,理论上还有以下三重和五重对称曲线,如图 7-1 所示。

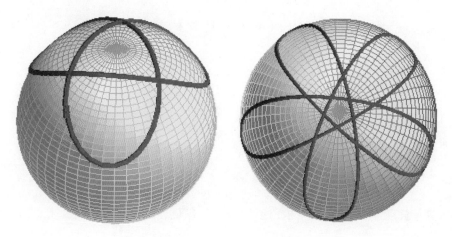

图 7-1　光滑球面上的悬链线

从能量角度看,这样的曲线使得链条的重力势能极小。以弧长 s 为参数坐标,球面上链条的量纲归一化后的拉氏量是重力势能加约束

$$I = \int \left[z(s) + \frac{\lambda}{2}(x'(s)^2 + y'(s)^2 + z'(s)^2 - 1) + \right.$$

$$\left. \frac{\eta}{2}(x(s)^2 + y(s)^2 + z(s)^2 - 1) \right] \mathrm{d}s$$

其中链条在球面上的约束是

$$x(s)^2 + y(s)^2 + z(s)^2 = 1$$

弧长约束是

$$x'(s)^2 + y'(s)^2 + z'(s)^2 = 1$$

拉氏方程,即链条形状方程是

$$(\lambda x'(s))' = \eta x(s)$$

$$(\lambda y'(s))' = \eta y(s)$$

$$(\lambda z'(s))' = 1 + \eta z(s)$$

对比链条微元的平衡方程，可以看出拉氏因子 λ 就是链条中的张力，η 是球面对链条微元的支持力。

　　如果把球面约束解除，球面上悬链线的参数坐标是 $(\sqrt{1-z^2}\cos\theta,$ $\sqrt{1-z^2}\sin\theta, z)$，曲线线元为

$$ds = \sqrt{\frac{(dz)^2}{1-z^2} + (1-z^2)(d\theta)^2}$$

球面上悬链线的重力势能为

$$V = \tau g \int z(\theta) ds$$

悬链的总长度不变，取拉氏乘积因子为 $\tau g \lambda$，系统的作用量 I 为

$$I = \tau g \int \left[\frac{z + \lambda}{\sqrt{1-z^2}} \sqrt{(dz/d\theta)^2 + (1-z^2)^2} \right] d\theta$$

其中 λ 具有长度量纲。作用量 I 的积分因子 $f(z, z', \theta)$ 不显含 θ，由推论：

$$z' \frac{\partial f}{\partial z'} - f = \text{const}$$

在最低点处，链条切线是水平的，边界条件是

$$\theta = 0, \quad z = z_0, \quad dz/d\theta = 0,$$

计算得到球面上链条的形状方程是

$$\frac{z+\lambda}{\sqrt{1-z^2}} \frac{(1-z^2)^2}{\sqrt{z'^2 + (1-z^2)^2}} = (z_0 + \lambda)\sqrt{1-z_0^2}$$

把以上方程竖直坐标 z 对纬度角度 θ 的导数 z' 解出来，得到

$$\left(\frac{dz}{d\theta}\right)^2 = \frac{(1-z^2)^2}{(z_0+\lambda)^2(1-z_0^2)} \left[(z+\lambda)^2(1-z^2) - (z_0+\lambda)^2(1-z_0^2)\right]$$

定义以下函数

$$H(z,z_0,\lambda)=(z+\lambda)^2(1-z^2)-(z_0+\lambda)^2(1-z_0^2)$$

$$=-(z-a)(z-b)(z-c)(z-d),\quad a>b>c>d$$

再定义以下函数和参数值

$$\phi(z)=\arcsin\sqrt{\frac{(a-c)(z-b)}{(a-b)(z-c)}}$$

$$k^2=\frac{(a-b)(c-d)}{(a-c)(b-d)},\quad n_1=\frac{(a-b)(c-1)}{(a-c)(b-1)},\quad n_2=\frac{(a-b)(c+1)}{(a-c)(b+1)}$$

那么经度角度 θ 对于竖直坐标 z，有椭圆积分形式的解析解

$$\theta(z)=-\frac{(z_0+\lambda)\sqrt{1-z_0^2}}{\sqrt{(a-c)(b-d)}}\left[\left(\frac{1}{c-1}-\frac{1}{c+1}\right)F(\phi(z),k^2)+\left(\frac{1}{b-1}-\frac{1}{c-1}\right)\cdot\right.$$

$$\left.\Pi(n_1,\phi(z),k^2)-\left(\frac{1}{b+1}-\frac{1}{c+1}\right)\Pi(n_2,\phi(z),k^2)\right]$$

其中，$F(\phi(z),k^2)$ 是第一类椭圆积分，$\Pi(n_2,\phi(z),k^2)$ 是第三类椭圆积分。这样形式上球面上悬链线有参数方程表达式

$$r(z)=(\sqrt{1-z^2}\cos(\theta(z)),\sqrt{1-z^2}\sin(\theta(z)),z)$$

如要闭合，那么竖直坐标从极大到极小，经度转过的角度 $\Delta\theta$ 是 π 的有理数倍

$$\Delta\theta=-\frac{(z_0+\lambda)\sqrt{1-z_0^2}}{\sqrt{(a-c)(b-d)}}\left[\left(\frac{1}{c-1}-\frac{1}{c+1}\right)F(\pi/2,k^2)+\left(\frac{1}{b-1}-\frac{1}{c-1}\right)\cdot\right.$$

$$\left.\Pi(n_1,\pi/2,k^2)-\left(\frac{1}{b+1}-\frac{1}{c+1}\right)\Pi(n_2,\pi/2,k^2)\right]$$

这样就可以确定参数 λ 的值。

计算发现长度为 8.646085785 个球半径单位的链条，可以形成三重和五重对称的闭合曲线，如图 7-2 所示。

MMA 编制的程序请扫描 I 页二维码下载。

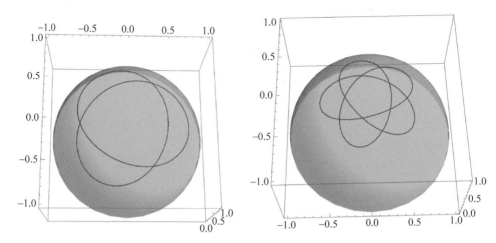

图7-2　同一长度的链条，在光滑球面上形成不同对称性的闭合悬链线

参 考 文 献

[1]　ROBERT F. Spherical catenary[EB/OL]. https://mathcurve. com/courbes3d. gb/chainette/ chainette_spherique. shtml.

8 弹性曲线

我平均每天骑行40公里,骑四个来回接送小孩上学,刹车线经常会更换。旧的刹车线我会拿到办公室,工作累了就把玩。以下就是两段捻在一起的刹车线在桌面和空中的造型,有水滴状、蠕虫状等,如图8-1和图8-2所示。

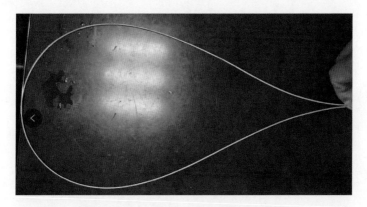

图 8-1　办公桌面上两端贴合的刹车线

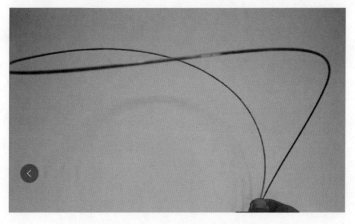

图 8-2　三维空间中两端贴合的刹车线

刹车线物理模型是弹性绳索,把它平放在水平桌面上,两端施加外力以后,绳索会弯曲。这个外力做的功,就转化为绳索的弯曲弹性势能。最早是伯努利和欧拉猜到了单位长度上弯曲弹性势能的表达式,正比于弹性曲线曲率的平方,比例系

数是弯曲刚性系数 B（bending stiffness）。数学上弯曲程度用曲线切角 θ 随弧长 s 的变化率（曲率 κ）来表示。曲线上一点切线与横坐标的夹角随着杆的长度变化而变化，曲线长度（从某一点开始量起）用弧长坐标 s 表示，变化的切角 θ 对弧长坐标 s 的导数就是曲率 $\kappa(s) = \mathrm{d}\theta/\mathrm{d}s$。设绳索总长度为 l，加上端点水平约束弹性绳索的拉氏量是

$$\Gamma = \int_0^l \frac{1}{2}B(\theta'(s))^2\,\mathrm{d}s + P\int_0^l \cos(\theta(s))\,\mathrm{d}s \tag{8-1}$$

由物理中的欧拉-拉格朗日方程

$$\frac{\partial}{\partial s}\left(\frac{\partial L}{\partial(\theta'(s))}\right) = \frac{\partial L}{\partial \theta}$$

得到切角 θ 满足的微分方程

$$\frac{\mathrm{d}\theta^2}{\mathrm{d}s^2} + \lambda^2\sin\theta = 0 \tag{8-2}$$

其中 $\lambda = \sqrt{P/B}$。这个微分方程可以转化为

$$\frac{\mathrm{d}}{\mathrm{d}s}\left(\frac{1}{2}(\theta'(s))^2 - \lambda^2\cos(\theta(s))\right) = 0 \tag{8-3}$$

微分方程的解还必须考虑边界条件。首先考虑边界条件

$$\theta'(0) = \theta'(l) = 0 \tag{8-4}$$

物理意义是弹性绳索两端施加水平的推（拉）力。设 $\theta_0 = \theta(0)$，积分(8-3)式得到

$$\theta'(s) = \lambda\sqrt{2(\cos\theta(s) - \cos\theta_0)} \tag{8-5}$$

作变量代换

$$k = \sin(\theta_0/2), \quad k\sin\phi = \sin(\theta/2) \tag{8-6}$$

那么方程有解：

$$\phi(s) = \mathrm{am}(\lambda s + K, k) + 2m\pi \tag{8-7}$$

式中，am 是第一类椭圆积分积分符号的上限积分角度；K 是第一类完全椭圆积分；m 是整数，称为分叉数。由微分几何知识可知，绳索上直角坐标与切角弧长的微分关系是

$$x'(s) = \cos\theta(s), \quad y'(s) = \sin\theta(s)$$

代入椭圆函数的表达式(8-7)式,积分得到端点满足边界条件(8-4)式弹性曲线的解析表达式

$$x(s) = -s + \frac{2}{\lambda}\{E[\mathrm{am}(\lambda s + K, k), k] - E[\mathrm{am}(K, k), k]\}$$

$$y(s) = -\frac{2k}{\lambda}\mathrm{cn}(\lambda s + K, k)$$

其中 E 是第二类椭圆积分,cn 是雅克比椭圆函数。如果绳索两端合拢,即 $x(l) = 0$。考虑第一类分叉 $m = 1$,此时有

$$K = E[\mathrm{am}(3K, k), k] - E[\mathrm{am}(K, k), k]$$

以上方程可以数值确定 k。这个两段并拢的弹性曲线像一个水滴,如图 8-3 所示。

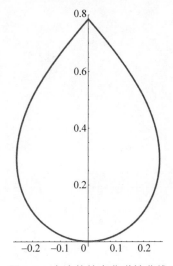

图 8-3 水滴状的弯曲弹性曲线

再考虑另一种边界条件

$$\theta(0) = \theta(l) = 0 \tag{8-8}$$

物理意义是弹性绳索两端水平夹持住。由对称性可知,这样的弯曲绳索可以看作 4 个相同的绳索拼起来。仿照以上思路和操作,切角满足的微分方程是

$$\theta'(s) = \lambda\sqrt{2(\cos(\theta(s)) - \cos\theta_1)} \tag{8-9}$$

其中 θ_1 是绳索 $\frac{1}{4}$ 处的切角。同样我们作变量代换

$$k = \sin(\theta_1/2), \quad k \sin\phi = \sin(\theta/2) \tag{8-10}$$

方程(8-9)的解是

$$\theta(s) = 2\arcsin(k\,\mathrm{sn}(\lambda s, k)) \tag{8-11}$$

满足边界条件(8-8)式,弹性绳索曲线的解析表达式是

$$x(s) = -s + \frac{1}{2K}E\left[\mathrm{am}(4Ks, k), k\right]$$

$$y(s) = \frac{k}{2K}\left[1 - \mathrm{cn}(4Ks, k)\right]$$

当 $k = 0.7$ 时,对应的图形是(横过来看)如图 8-4 所示。

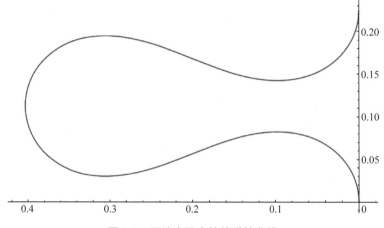

图 8-4　两端水平夹持的弹性曲线

当 $x(l) = 0$ 时,绳索两端合拢,形成一个 8 字形(横过来看),如图 8-5 所示。

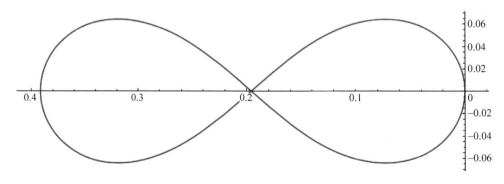

图 8-5　两端水平夹持且重合的弹性曲线

考虑第三种边界条件

$$\theta(0) = \frac{\pi}{2}, \quad \theta(l) = -\frac{\pi}{2} \tag{8-12}$$

仿照以上做法,形状方程为

$$\frac{\mathrm{d}}{\mathrm{d}s}\left(\frac{1}{2}(\theta'(s))^2 + a^2\cos\theta(s)\right) = 0$$

积分上式,利用边界条件 $\theta'(0) = b$,计算得到

$$\theta'(s) = \sqrt{b^2 - 2a^2\cos\theta(s)} \tag{8-13}$$

作变量代换

$$k\sin\phi = \sin(\theta/2)$$

其中 $k^2 = b^2/4a^2 + 1/2$。(8-13)式有解:

$$\phi(s) = \mathrm{am}(a(1/2-s), k)$$

由边界条件可以确定参数 k 和 a 的值。满足边界条件(8-12)式,弹性绳索曲线的解析表达式是

$$x = -\frac{2}{a}\{a(1/2-s) - E[a(1/2-s), k] - a/2 + E(a/2, k)\} - s$$

$$y = \frac{2k}{a}\{\mathrm{cn}[a(1/2-s), k] - \mathrm{cn}(a/2, k)\}$$

这样得到两端合拢的弹性绳索理论形状(横放过来),如图 8-6 所示。图 8-6 中的理论弹性曲线与实际的图 8-1 中弯曲自行车刹车线形状是一致的。

以上刹车线是平放在办公桌面上的,重力没有影响。现在考虑三维弹性绳索,假设弹性势能还是正比于三维空间曲线曲率的平方。设三维空间曲线的弧长坐标是

$$\boldsymbol{r}(s) = (x(s), y(s), z(s))$$

单位切向量是

$$\boldsymbol{t}(s) = \boldsymbol{r}'(s) = (x'(s), y'(s), z'(s))$$

假设空间曲线曲率定义为单位切向量对弧长导数的大小,即

$$\boldsymbol{\kappa}(s) = |\boldsymbol{t}'(s)| = |(x''(s), y''(s), z''(s))|$$

三维弹性曲线的拉氏密度是弹性势能加上重力势能,加上切向量归一化的约束,以

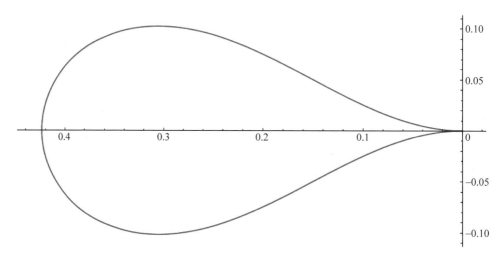

图 8-6　两端垂直夹持的弹性曲线

及另一端点直角坐标的约束。量纲归一化后的拉氏密度是

$$L = \frac{1}{2}\left[(x''(s))^2 + (y''(s))^2 + (z''(s))^2\right] + \frac{\lambda}{2}\left[(x'(s))^2 + (y'(s))^2 + \right.$$

$$\left.(z'(s))^2 - 1\right] + h_1 x'(s) + h_2 y'(s) + h_3 z'(s) + \tau z(s) \tag{8-14}$$

式中，参数 $\tau = \rho g L^3 / B$，ρ 是刹车线的线质量密度，L 是刹车线的长度，B 是刹车线的弯曲刚性系数。由(8-14)式的拉氏量，得到拉氏方程

$$x^{(4)}(s) - (\lambda x')' = 0$$

$$y^{(4)}(s) - (\lambda y')' = 0$$

$$z^{(4)}(s) - (\lambda z')' + \tau = 0$$

积分得到

$$x'''(s) - \lambda x' = c_1$$

$$y'''(s) - \lambda y' = c_2$$

$$z'''(s) - \lambda z' + \tau s = c_3$$

数学软件数值求解得到两端夹持三维弹性闭合曲线图像，如图 8-7 所示。

可以看出，图 8-7 中的理论弹性曲线和图 8-2 中刹车线实际形状趋势一样。

MMA 编制的程序请扫描 I 页二维码下载。

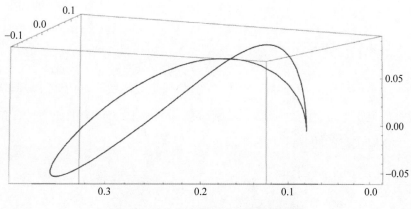

图 8-7 重力场中两端夹持的弹性曲线

9　肥皂膜中泪滴状鱼线

刹车线是钢丝做的,有弹性,偏硬。(钓)鱼线是塑料做的,也有弹性,偏软。把鱼线放在肥皂水中,再小心提出来。在肥皂膜的表面张力(向内的拉力)下,鱼线形成一个封闭有尖点的曲线,如图 9-1 所示。

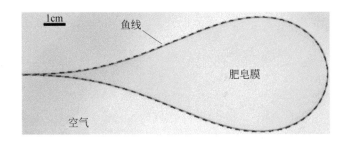

图 9-1　肥皂膜中泪滴状的鱼线

从能量角度看,这种曲线形状使得鱼线的弯曲弹性势能和所围成的肥皂膜的表面张力势能之和取极小值。微元受力分析示意图如图 9-2 所示。

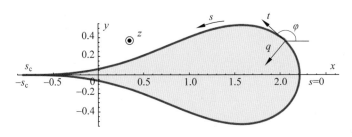

图 9-2　鱼线的受力分析示意图

从量纲上看,弯曲弹性势能等于弯曲模量 $B=\pi\rho^4 E/4$ 乘以曲率平方再乘以长度,其中 ρ 是鱼线的半径,E 是鱼线的杨氏模量。表面势能等于表面张力系数 σ 乘以面积。两者量纲上相等,即

$$B\cdot\frac{1}{l^2}\cdot l=\sigma\cdot l^2$$

由此得到一个弹性-毛细长度单位

$$l_{\text{ec}} = \left(\frac{B}{\sigma}\right)^{1/3}$$

图 9-2 中曲线的切向向量是

$$t = (\cos\varphi, \sin\varphi)$$

法向向量是

$$q = (-\sin\varphi, \cos\varphi)$$

鱼线中有内力 $f(s)$ 和弯矩 $m(s)$，满足微元的力矩平衡条件

$$\frac{\mathrm{d}m(s)}{\mathrm{d}s} + t(s) \times f(s) = 0$$

其中弯矩的方向是图 9-2 中的 z 方向，即垂直纸面向外。解得

$$\begin{cases} \dfrac{\mathrm{d}m(s)}{\mathrm{d}s} + t(s) \times f(s) = 0 \\ f(s) = T(s)t(s) - q(s)\dfrac{\mathrm{d}m(s)}{\mathrm{d}s} \end{cases}$$

其中 $T(s)$ 是鱼线内力的切向分量。弹性材料中，弯矩大小正比于曲率（量纲归一化后就是相等），于是

$$f(s) = T(s)t(s) - q(s)\frac{\mathrm{d}\kappa(s)}{\mathrm{d}s} \tag{9-1}$$

微元在内力差和表面张力下平衡，表面张力方向与曲线的法向一样，由此得到

$$\frac{\mathrm{d}f(s)}{\mathrm{d}s} + q(s) = 0 \tag{9-2}$$

利用切向向量和法向向量对弧长求导关系式

$$\frac{\mathrm{d}t}{\mathrm{d}s} = \kappa q, \quad \frac{\mathrm{d}q}{\mathrm{d}s} = -\kappa t \tag{9-3}$$

得到以下方程：

$$\left(\frac{\mathrm{d}T}{\mathrm{d}s} + \kappa\frac{\mathrm{d}\kappa}{\mathrm{d}s}\right)t + \left(\kappa T - \frac{\mathrm{d}^2\kappa}{\mathrm{d}s^2} + 1\right)q = 0 \tag{9-4}$$

由此得到鱼线内力切向分量 $T(s)$ 满足的微分方程

$$\frac{\mathrm{d}T}{\mathrm{d}s} + \kappa\frac{\mathrm{d}\kappa}{\mathrm{d}s} = 0 \tag{9-5}$$

积分得到

$$T(s) = -\frac{\kappa^2(s)}{2} + \mu \tag{9-6}$$

其中 μ 是积分常数。把(9-6)式代入(9-4)式中的第二项，得到

$$-\frac{\mathrm{d}^2\kappa}{\mathrm{d}s^2} - \frac{1}{2}\kappa^3 + \mu\kappa + 1 = 0 \tag{9-7}$$

从物理角度考虑，在鱼线的交汇处，鱼线近似是直线段，曲率为零，沿鱼线切向内力的分量也为零（没有切向的外力），这样常数 μ 也为零，(9-7)式化为

$$-\frac{\mathrm{d}^2\kappa}{\mathrm{d}s^2} - \frac{1}{2}\kappa^3 + 1 = 0 \tag{9-8}$$

(9-8)式中的曲率用角度 φ 对弧长坐标 s 的导数表示，得到

$$-\frac{\mathrm{d}^3\varphi}{\mathrm{d}s^3} - \frac{1}{2}\left(\frac{\mathrm{d}\varphi}{\mathrm{d}s}\right)^3 + 1 = 0 \tag{9-9}$$

由图 9-2，可以猜测起始条件是

$$\varphi(0) = \pi/2, \quad \varphi'(0) = h, \quad \varphi''(0) = 0$$

边界条件是

$$\varphi(s_c) = \pi, \quad \varphi'(s_c) = 0$$

其中 s_c 是鱼线贴合在一起对应的长度。这样正好两个边界条件确定两个待定常数 h 和 s_c。数值求解得到 $h = 2.10544$，$s_c = 3.42167$。利用鱼线直角坐标满足的微分方程

$$\mathrm{d}x = \cos\varphi\, \mathrm{d}s, \quad \mathrm{d}y = \sin\varphi\, \mathrm{d}s$$

再利用(9-8)式，可以得到鱼线横坐标的表达式

$$x = \frac{1}{2}\sin\varphi\kappa^2 + \cos\varphi\frac{\mathrm{d}\kappa}{\mathrm{d}s}$$

MMA 编制的程序请扫描 I 页二维码下载。

参 考 文 献

[1] MORA S, PHOU T, FROMENTAL J M, et al. Shape of an elastic loop strongly bent by surface tension: Experiments and comparison with theory[J]. Phys. Rev. E, 2012, 86(2): 7450-7474.

10 化圆为方曲线

日本视错觉大师、明治大学特任教授杉原厚吉发明了如图 10-1 所示装置,镜面之前从某个特定角度看上去是圆柱形的物体,在镜子中的镜像居然是长方形柱形的,反之亦然。

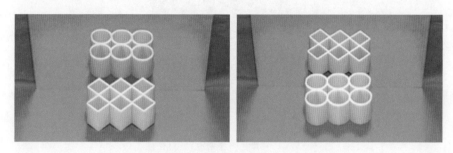

图 10-1 镜像化后的化圆为方和化方为圆

那么,这种玩具装置的数学原理是什么？第一个原理,是一个空间封闭曲线投影到两个平面上,投影曲线分别是圆形和正方形。第二个原理,是圆柱和正方形柱以一定角度,譬如垂直相交,所交汇出来的空间曲线。

先考虑比较简单的第一种原理,两个平面是 x-y 平面和 y-z 平面,在 x-y 平面上的投影曲线是半径为 1 的圆,圆心在 $(1,0,0)$ 上。在 y-z 平面上的投影曲线是正方形,一条对角线是 $(0,0,0)$ 到 $(0,0,2)$ 的线段,中心坐标是 $(0,0,1)$。选取合适的参数形式,得到圆的参数方程如下：

$$x(\theta) = 1 + \cos\theta\sqrt{1 + \sin^2\theta}, \quad y(\theta) = \sin\theta\,|\sin\theta| \tag{10-1}$$

正方形的参数方程是

$$y(\theta) = \sin\theta\,|\sin\theta|, \quad z(\theta) = 1 + \cos\theta\,|\cos\theta| \tag{10-2}$$

所以空间闭合曲线是

$$x(\theta) = 1 + \cos\theta\sqrt{1 + \sin^2\theta}, \quad y(\theta) = \sin\theta\,|\sin\theta|, \quad z(\theta) = 1 + \cos\theta\,|\cos\theta|$$

$$\tag{10-3}$$

这种空间交合体如图 10-2 所示。

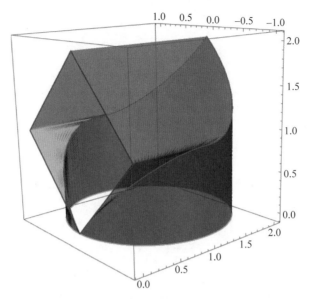

图 10-2　圆柱和正方形柱的空间交合曲线

如果从第二种原理的角度看，圆柱面的方程是

$$(x-1)^2 + y^2 = 1$$

正方体柱面的方程是

$$|y| + |z-1| = 1$$

这两个曲面的交合曲线参数方程就是(10-3)式。

图 10-1 中两个柱形物体上方的空间曲线如图 10-3 所示。

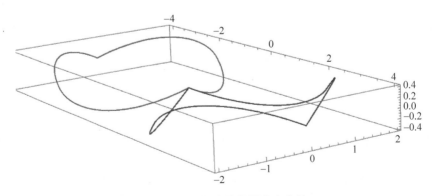

图 10-3　互为镜像的化圆为方曲线

MMA 编制的程序请扫描Ⅰ页二维码下载。

参 考 文 献

[1] 杉原厚吉主页[EB/OL]. http://www.isc.meiji.ac.jp/~kokichis/Welcomee.html.

第二章

漂亮的面

11　稳定漂浮的木桩轮廓

　　设一个无限长的圆柱形木桩漂浮在水面上，密度是水的密度的一半。给木桩一个扰动，木桩在扰动后的位形还是稳定的。这种截面，除了圆形，是否还存在另外的曲线，也能在任意位置处稳定漂浮？

　　为讨论方便，设木桩纵向长度为一个单位，水的密度为一个单位，重力加速度 g 为一个单位。木桩的横截面积是 A，水面以上部分标号为 1，以下标号为 2，如图 11-1 所示。

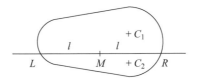

图 11-1　漂浮木桩横截面示意图

　　那么水面上下面积分别为

$$A_1 = (1 - \rho)A, \quad A_2 = \rho A$$

水面以上部分质心为 C_1，质量为 m_1，到水面的垂直距离是 h_1；水面以下部分质心

为 C_2，质量为 m_2，到水面的垂直距离是 h_2；浮体平衡时，没有力矩，上下两部分质心的连线垂直于水面。排出水的质量为 $m=m_1+m_2$，这部分水的质心也是 C_2。

系统的总势能是木桩的重力势能加上排出水的重力势能，即

$$\Phi=m_1h_1-m_2h_2+mh_2=m_1(h_1+h_2)$$

质量用密度和体积（截面积）表示，上式化为

$$\Phi=\rho(1-\rho)A(h_1+h_2)$$

所以转动后还能稳定漂浮的必要条件是两部分质心距离 h_1+h_2 不变。

考虑一个转动，要使得上下两部分的体积都不变，一个必要条件是转动中心是水面接触点 L 和 R（图 11-1）连线的中点 M，设 LR 的长度是 $2l$。再考虑一个无限小角度 $\delta\phi$ 的转动，对于上部，右边多出 $\delta\phi l^2/2$ 面积，左边减小 $\delta\phi l^2/2$ 面积。上部质心的水平移动有两部分贡献：一部分是 C_1 的水平变化，其值是 $-h_1\delta\phi$（向右为正）；一部分是左右面积变化引起的变化，其值是

$$2\int_0^l l^2\delta\phi\,\mathrm{d}l/A_1=\frac{2}{3}l^3\delta\phi/A_1$$

所以上部质心的水平移动是

$$\delta C_1=\frac{2}{3}l^3\delta\phi/A_1-h_1\delta\phi$$

同理，下部质心的水平移动是

$$\delta C_2=\frac{2}{3}l^3\delta\phi/A_2-h_2\delta\phi$$

转动后两部分的质心仍垂直于水面，即水平变化是相等的，$\delta C_1=\delta C_2$。由此得到

$$\frac{2}{3}l^3\left(\frac{1}{A_1}+\frac{1}{A_2}\right)=h_1+h_2$$

由于两部分的质心距离 h_1+h_2，水面上下截面积 A_1 和 A_2 是不变的，所以水面接触点的水平距离 $2l$ 也是不变的。

圆木截面曲线方程也可以这样推导，木头密度与水的密度之比是任意值，参看图 11-2。

原来的水线是 A_1A_2，转过一个很小的角度 $\delta\phi$ 以后，水线变化 B_1B_2。浮力不

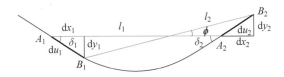

图 11-2　水线变化示意图

变，所以水线之下的面积不变，减小的面积和增加的面积一样：

$$\frac{1}{2}l_1^2\delta\phi=\frac{1}{2}l_2^2\delta\phi$$

由此得到

$$l_1=l_2=l$$

由图 11-2 可以看出

$$\mathrm{d}x_1=\mathrm{d}x_2=\frac{1}{2}l(\delta\phi)^2,\quad -\mathrm{d}y_1=\mathrm{d}y_2=l\delta\phi$$

这样 A_1B_1 和 A_2B_2 弧长也一样，A_1 和 A_2 两点切线与 A_1A_2 连线（水线）的夹角也一样。所以圆木截面曲线要满足以下四个关系：转过任意的角度之后，

（1）水线的长度不变；

（2）水线与截面曲线之间的面积不变；

（3）水线两个端点之间曲线的长度不变；

（4）水线两端切线与水线的两个夹角相等。

由这四个条件，德国理论物理学家 Franz Wegner 给出了曲线曲率满足的方程：

$$\frac{\mathrm{d}^2\kappa}{\mathrm{d}s^2}+\frac{1}{2}\kappa^3+\lambda\kappa=\mu$$

这种方程的解析解理论上是椭圆函数。

水面接触点的中点 M 只能沿着 LR 的方向移动，假定 LR 虚拟转动角度 ϕ，那么中点 M 的移动方向与转动角度一样。无限小移动方向就是中点 M 轨迹曲线的斜率，即

$$\frac{\mathrm{d}y_M}{\mathrm{d}x_M}=\frac{\sin\phi}{\cos\phi}$$

一个可能的解是

$$x_M(\phi) = \int_0^\phi f(\phi)\cos\phi\,\mathrm{d}\phi, \quad y_M(\phi) = \int_0^\phi f(\phi)\sin\phi\,\mathrm{d}\phi$$

其中 $f(\phi)$ 是待定函数。这样木桩的截面曲线的参数方程是

$$x(\phi) = x_M(\phi) + l\cos\phi, \quad y(\phi) = y_M(\phi) + l\sin\phi$$

一个特殊例子是木桩密度是水密度的一半，要满足边界条件

$$x_M(\phi) = x_M(\phi+\pi), \quad y_M(\phi) = y_M(\phi+\pi)$$

这意味着

$$f(\phi+\pi) = -f(\phi)$$

譬如取

$$f(\phi) = a\cos(3\phi)$$

水面接触点的中点 M 的参数方程是

$$x_M(\phi) = \frac{a}{4}\sin(2\phi) + \frac{a}{8}\sin(4\phi)$$

$$y_M(\phi) = \frac{a}{4}\cos(2\phi) - \frac{a}{8}\cos(4\phi) - \frac{a}{8}$$

取 $a=4$ 和 $l=12$，木桩横截面的曲线如图 11-3 所示。

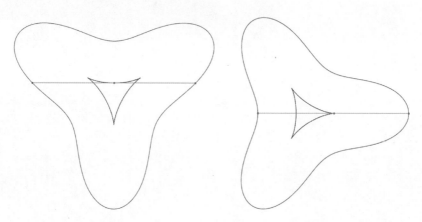

图 11-3 任意转动位置稳定漂浮木桩的横截面

MMA 编制的程序请扫描 I 页二维码下载。

参 考 文 献

［1］ WEGNER F. Floating bodies of equilibrium［J］. Studies in Applied Mathematics,2010,111 （2）：167-183.

［2］ WEGNER F. From elastica to floating bodies of equilibrium［EB/OL］. Arxiv：1909. 12596v4.

12　蘑菇喷泉面

在商场大厅或者游乐场迎宾处,你会看到蘑菇喷泉,如图 12-1 所示。

图 12-1　蘑菇喷泉形成的水幕(水帘)

那么,蘑菇喷泉形成的水幕是什么曲面?

先物理建模,依据图 12-2,假设水流是从上方冲击到一个圆盘上,再散开。水流冲击速度为 U_0,水流直径为 D_0,韦伯(Weber)数定义为 $We = \rho U_0^2 D_0/\sigma$,其中 ρ 是水的密度,σ 是水的表面张力系数。雷诺(Reynolds)数定义为 $Re = U_0 D_0/v$,其中 v 是水的黏稠系数。

图 12-2 中向下纵坐标为 z,水平方向横坐标为 r,水幕截面曲线切线与 z 轴的夹角是 ψ。考虑图 12-2 中阴影部分表示的水幕微元,面积是 A,厚度是 h,质量是 $m = \rho A h$。这个微元在四个外力下平衡,分别是重力 mg;离心力 $mu^2\kappa$,其中 u 是水幕切向流速,κ 是水幕截面曲线的曲率 $\kappa = -\mathrm{d}\psi/\mathrm{d}s$;水幕内外压力差 ΔpA;水的表面张力 $2H\sigma A$,其中 H 是水幕曲面的平均曲率,其表达式为 $H = \cos\psi/r - \mathrm{d}\psi/\mathrm{d}s$。离心力、压力和表面张力都垂直于水幕微元,类比于质点功能原理,只有重力做功,

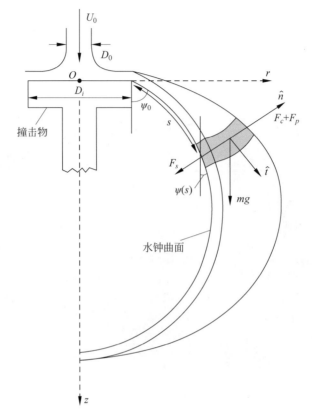

图 12-2　水幕受力示意图

得到流速与纵坐标 z 的关系式

$$u^2 = u_0^2 + 2gz \qquad (12\text{-}1)$$

假定水幕厚度 h 不变，由水的流量守恒，得到

$$Q = \frac{\pi}{4} U_0 D_0^2 = \pi D_i u_0 h = 2\pi r u h \qquad (12\text{-}2)$$

其中 D_i 是圆盘直径。水幕微元法向受力平衡，得到

$$\rho A h g \sin\psi + 2\sigma\left(\frac{\cos\psi}{r} - \frac{\mathrm{d}\psi}{\mathrm{d}s}\right) A = -\rho A h u^2 \frac{\mathrm{d}\psi}{\mathrm{d}s} + \Delta p A \qquad (12\text{-}3)$$

利用(12-2)式，可以继续化简为

$$\left(\frac{\rho U_0 D_0^2}{16\sigma} u - r\right)\frac{\mathrm{d}\psi}{\mathrm{d}s} = -\cos\psi + \frac{\Delta p}{2\sigma} r - \frac{\rho h g}{2\sigma}\sin\psi r \qquad (12\text{-}4)$$

如果流速以冲击 U_0 为单位，长度以 $L=WeD_0/16$ 为单位，那么水幕平衡方程简化为

$$(u-r)\frac{\mathrm{d}\psi}{\mathrm{d}s}=-\cos\psi+\alpha r-\beta\frac{\sin\psi}{u} \tag{12-5}$$

其中两个无量纲参数为

$$\alpha=\frac{\Delta pL}{2\sigma}, \quad \beta=\frac{gL}{U_0^2} \tag{12-6}$$

无量纲流速与纵坐标的关系是

$$u^2=u_0^2+2\beta z \tag{12-7}$$

纵横两个坐标与弧长参数 s 的微分几何关系是

$$\mathrm{d}r=\sin\psi\mathrm{d}s, \quad \mathrm{d}z=\cos\psi\mathrm{d}s \tag{12-8}$$

考虑两个极限，第一个是水幕内外压强差为零，即 $\alpha=0$，重力影响很小，即 $\beta\ll1$。那么流速 u 为常数，水幕平衡（形状）方程为

$$(u-r)\frac{\mathrm{d}\psi}{\mathrm{d}s}=-\cos\psi \tag{12-9}$$

这个形状方程的解是

$$r=u-c_1\cosh\left(\frac{z-c_2}{c_1}\right) \tag{12-10}$$

截面是双曲余弦函数，与悬链线的形状一样。

　　第二个是水幕内外压强差为零，即 $\alpha=0$，重力影响很大，即 $\beta\gg1$。水幕平衡（形状）方程为

$$(u^2-1)\frac{\mathrm{d}\psi}{\mathrm{d}s}=-\beta\sin\psi \tag{12-11}$$

这个形状方程解的参数表达式是

$$2\beta z=(u_0^2-1)\left(\frac{\sin^2\psi_0}{\sin^2\psi}-1\right) \tag{12-12}$$

$$\beta(r-r_0)=(u_0^2-1)\sin^2\psi_0(\cot\psi-\cot\psi_0) \tag{12-13}$$

这个截面是抛物线。

对于商场内外的蘑菇喷泉，水流与竖直向下方向的起始夹角 ψ_0 一般大于 $90°$，要选取合适的水流初速 u_0、起始水幕半径 r_0，以及 (12-6) 式中两个恰当参数，使得理论曲面和实际曲面基本吻合，如图 12-3 所示。

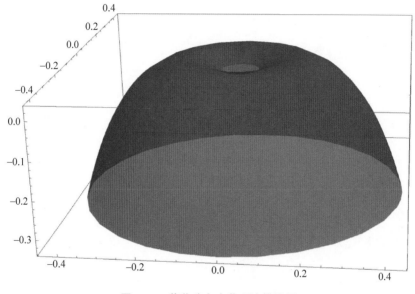

图 12-3　蘑菇喷泉水幕理论模拟图

MMA 编制的程序请扫描Ⅰ页二维码下载。

参 考 文 献

［1］ BRAHMA M，DAS P K，GHOSHAL K. Unique shapes of liquid bells as a function of flow parameters：A brief overview and some new results［J］. European Journal of Mechanics-B/Fluids，2015，50：98-109.

［2］ 姜小白 71. 为什么喷泉会弯折回来［EB/OL］. https：//www. zhihu. com/question/336283928/answer/760821755.

13　正多边形边界的极小曲面

两个同样大小的圆环平行对称放置，浸没在肥皂水中，然后小心取出，会看到如图 13-1 所示肥皂膜曲面。忽略肥皂膜的密度，这个曲面要求表面张力势能小，而这个势能等于表面张力系数（常数）乘以表面积。数学上把这种曲面称为极小曲面。曲面面积的变分正比于曲面的平均曲率，极小曲面也是平均曲率为零的曲面。平均曲率表示为曲面参数函数的两阶偏微分非线性方程，极小曲面一般很少有解析解，但物理上很容易用肥皂膜来实现。

图 13-1　双圆环边界肥皂膜曲面

两个边界是共轴平行对称的正方形肥皂膜物理曲面，如图 13-2 所示。

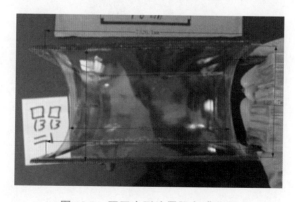

图 13-2　双正方形边界肥皂膜曲面

两个边界是共轴平行对称正三角形的肥皂膜物理曲面如图 13-3 所示。

图 13-3　双正三角形边界肥皂膜曲面

物理上实现两个平行共轴正三角形边界的极小曲面特别简单，但数学上特别困难，目前只有三种情况。第一种是两个平行共轴正三角形，边长是垂直距离（中心连线长度）的 $\sqrt{6}$ 倍，再沿中心连线（对称轴）旋转 $\pi/6$，如图 13-4 所示。

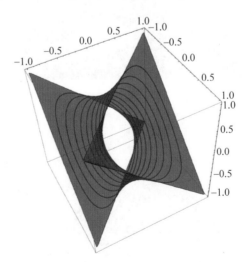

图 13-4　反对称双正三角形边界的极小曲面

图 13-4 中，设一个三角形顶点坐标是 $(1,1,-1),(1,-1,1),(-1,1,1)$，另一个三角形的顶点坐标是 $(-1,-1,1),(-1,1,-1),(1,-1,-1)$。设 $k=2\sqrt{2}/3$，

$\lambda = K(k)$，其中 $K(x)$ 是第一类完全椭圆积分。那么两个正三角形之间的极小曲面满足以下隐函数方程：

$$\text{sc}(\lambda x,k)\text{sc}(\lambda y,k)+\text{sc}(\lambda x,k)\text{sc}(\lambda z,k)+\text{sc}(\lambda y,k)\text{sc}(\lambda z,k)+3=0$$

$$(13\text{-}1)$$

其中，

$$\text{sc}(z,k)=\frac{\text{sn}(z,k)}{\text{cn}(z,k)}$$

椭圆函数的基本性质如下，u 和角度 φ 通过以下第一类积分联系起来：

$$u=F(\varphi,k)=\int_0^{\varphi}\frac{\mathrm{d}\theta}{\sqrt{1-k^2\sin^2\theta}}$$

雅可比椭圆函数 $\text{sn}(u,k)$ 和 $\text{cn}(u,k)$，定义为积分上限角度 φ 的正弦和余弦函数

$$\text{sn}(u,k)=\sin\varphi, \quad \text{cn}(u,k)=\cos\varphi$$

计算得到三角形内切圆半径 R，极小曲面腰部圆直径 D 和三角形距离 H 为

$$R=\frac{1}{\sqrt{6}}, \quad H=\frac{2}{\sqrt{3}}, \quad D=2\sqrt{2}\,\frac{F(\pi/3,2\sqrt{2}/3)}{F(\pi/2,2\sqrt{2}/3)}$$

第二种情况是两个平行共轴正三角形，没有相对交错角，距离没有限制。这两个三角形之间的极小曲面由以下参数表达式表示，参数 w 是一个复数，对应极小曲面 $1/3$ 的参数范围是

$$-1/4<\text{Re}w<1/4, \quad 0<\text{Im}w<\tau$$

极小曲面的参数方程是

$$x(w)=\text{Re}\int^w \frac{1}{2}(G(3,z)^{-1}-G(3,z))\mathrm{d}z$$

$$y(w)=\text{Re}\int^w \frac{i}{2}(G(3,z)^{-1}+G(3,z))\mathrm{d}z$$

$$z(w)=\text{Re}w$$

其中，

$$G(n,z)=\exp(i\pi/n)\left\{\frac{\theta_1[z-1/4,\exp(-\pi\tau)]}{\theta_1(z+1/4,\exp(-\pi\tau))}\right\}^{2/n}$$

$$(13\text{-}2)$$

第一类 θ 函数定义是

$$\theta_1(z,q) = 2q^{1/4} \sum_{n=0}^{\infty} (-1)^n q^{n(n+1)} \sin[(2n+1)z]$$

取合适的积分下限，再依据旋转对称性，把三个曲面拼起来，就得到两个平行共轴正三角形之间的极小曲面，如图 13-5 所示。

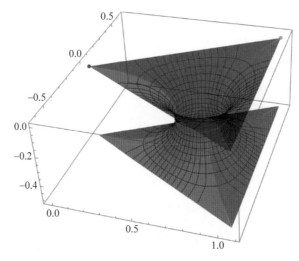

图 13-5　对称双正三角形边界的极小曲面

在(13-2)式中令 $n=4$，我们就得到共轴平行正方形边界的极小曲面，如图 13-6 所示。

陈维桓的科普读物《极小曲面》给出了正四面体连续四条棱为边界的肥皂膜（极小曲面），但是没有给出这个曲面的表达式。这个曲面的隐函数表达式是

$$H(x)H(y) - H(y)H(z) - H(z)H(x) + 1 = 0$$

其中，

$$H(w) = \sqrt{\frac{1 - \mathrm{cn}(\sqrt{3}w, -1/3)}{1 + \mathrm{cn}(\sqrt{3}w, -1/3)}}$$

依据以上表达式，画出来的极小曲面如图 13-7 所示。

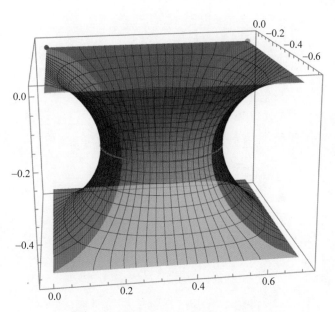

图 13-6 对称双正方形边界的极小曲面

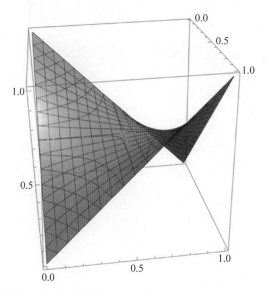

图 13-7 以正四面体连续四条棱为边界的极小曲面

MMA 编制的程序请扫描Ⅰ页二维码下载。

参 考 文 献

［1］ NITSCHE J C C. Lectures on minimal surfaces, v. Ⅰ［M］. Cambridge：Cambridge Univ. Press,1989：68-88；233-247；349-358.

［2］ 王竹溪,郭顿仁. 特殊函数概论［M］. 北京：北京大学出版社,2000.

［3］ 陈维桓. 极小曲面［M］. 长沙：湖南教育出版社,1993.

14　交错闭合的薯片

常见的薯片形状如图 14-1 所示。

图 14-1　真实的薯片形状

如果我们把薯片假想为可以弯曲折叠的薄片,稍微压缩一下,再从两个互相垂直的方向交叠,那么可以组合为如图 14-2 所示的一个空间物体。

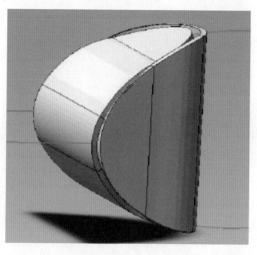

图 14-2　理想数学模型上的两个弯曲组合薯片

我们再假想薯片是可展平面，那么这种空间组合体由两种方式组合而来。一是两个可展曲面的方程是已知的，这两个曲面垂直相交，可以得到两个曲面闭合交合曲线的表达式，再把这个空间曲线"摊平"，得到平面上薯片边缘曲线的表达式。二是平面上薯片边缘曲线的表达式是已知的，我们要把两个薯片以一定方式同时"掰弯"，垂直交合时，"掰弯"的两盒薯片边缘空间曲线能重合。这两个方法流程是相反的，不过共同点是从已知的曲线表达式去推导未知的满足条件的曲线表达式。

先考虑相对简单的第一种方式，设两个垂直相交的曲面参数方程分别是

$$x = a - f(t), \quad y = g(t), \quad z = s$$
$$x = -a + f(t'), \quad y = -s', \quad z = -g(t')$$

在这两个曲面的交合曲线上，参数要满足以下方程：

$$f(t') + f(t) = 2a, \quad s' = -g(t), \quad s = -g(t')$$

求解得到交合空间曲线参数方程是

$$x = a - f(t), \quad y = g(t), \quad z = -g(f^{-1}(2a - f(t)))$$

举一个简单例子，曲面由抛物线平移而来，两个垂直相交曲面的参数方程分别是

$$x = 1 - t^2, \quad y = t, \quad z = s$$
$$x = -1 + t'^2, \quad y = s', \quad z = t'$$

在这两个曲面的交合曲线上，参数要满足以下方程：

$$1 - t^2 = -1 + t'^2, \quad t = s', \quad s = t'$$

求解得到交合空间曲线的参数方程是

$$x = 1 - t^2, \quad y = t, \quad z = \pm\sqrt{2 - t^2}$$

这个空间交合体如图 14-3 所示。

这个空间曲线的弧长微元是

$$\mathrm{d}s = \sqrt{(\mathrm{d}x)^2 + (\mathrm{d}y)^2 + (\mathrm{d}z)^2} = \sqrt{2}\,\sqrt{\frac{1 + 4t^2 - 2t^4}{2 - t^2}}\,\mathrm{d}t$$

薯片周长是

$$L = 2\sqrt{2}\int_0^{\sqrt{2}} \sqrt{\frac{1 + 4t^2 - 2t^4}{2 - t^2}}\,\mathrm{d}t$$

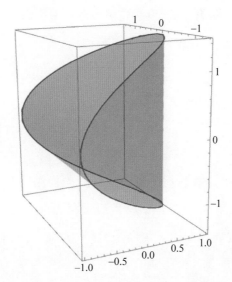

图 14-3   两个垂直直纹抛物面交合而成的薯片组合体

但这个空间曲线总长度没有解析表达式。弯曲薯片的参数方程是

$$\boldsymbol{r}(t,s)=(1-t^2,t,s)$$

其中参数范围是

$$-\sqrt{2}<t<\sqrt{2}, \quad -\sqrt{2-t^2}<s<\sqrt{2-t^2}$$

薯片的面积微元是

$$\mathrm{d}A=\left|\frac{\partial \boldsymbol{r}}{\partial t}\times\frac{\partial \boldsymbol{r}}{\partial s}\right|\mathrm{d}s\,\mathrm{d}t=\sqrt{4t^2+1}\,\mathrm{d}t\,\mathrm{d}s$$

所以薯片的总面积是

$$A=2\int_{-\sqrt{2}}^{+\sqrt{2}}\sqrt{4t^2+1}\,\sqrt{2-t^2}\,\mathrm{d}t$$

这个面积也没有初等函数表达式,虽然可以用第二类完全椭圆积分的组合表示。

对于两个垂直薯片的交合体来说,体积元的积分区域是

$$-1<x<1, \quad -\sqrt{1-x}<y<\sqrt{1-x}, \quad -\sqrt{1+x}<z<\sqrt{1+x}$$

所以这个空间交合体的体积是

$$V=8\int_0^1\sqrt{1-x^2}\,\mathrm{d}x=2\pi$$

接下来考虑第二种组合方式，设起先椭圆在 $x\text{-}y$ 平面上，其参数方程是

$$x = a\sin\theta, \quad y = b\cos\theta$$

椭圆曲线的弧长微元表达式是

$$\mathrm{d}s = \sqrt{(\mathrm{d}x)^2 + (\mathrm{d}y)^2} = a\sqrt{1 - k^2\sin^2\theta}\,\mathrm{d}\theta$$

其中 $k^2 = (a^2 - b^2)/a^2$。这个弧长有第二类不完全椭圆积分表达式

$$s(\theta) = aE(k, \theta)$$

以 y 轴为对称轴，把这个椭圆向上掰起来。在这个操作过程中，空间曲线的弧长是不变的，y 轴方向的长度（坐标是不变的），即曲线上的 y 坐标是 $y = b\cos\theta_1$。由空间曲线的组合对称性，曲线上的 z 坐标是 $z = b\cos\theta_2$，其中两个参数角 θ_1 和 θ_2 对应的弧长满足互补关系

$$s(\theta_1) + s(\theta_2) = s(\pi/2)$$

或者两个参数角 θ_1 和 θ_2 满足以下隐函数关系式：

$$0 = F(\theta_1, \theta_2) \equiv E(k, \theta_1) + E(k, \theta_2) - E(k, \pi/2)$$

但是这个隐函数没法给出两个角度 θ_1 和 θ_2 的具体关系式。设空间曲线上的 x 坐标是 $x = x(\theta_1)$，那么空间曲线的参数表示是

$$x = x(\theta_1), \quad y = b\cos\theta_1, \quad z = b\cos\theta_2$$

由于椭圆弯折过程中，曲线的弧长不变，即

$$\begin{cases} (\mathrm{d}s)^2 = (\mathrm{d}x)^2 + b^2\sin^2\theta_1(\mathrm{d}\theta_1)^2 + b^2\sin^2\theta_2(\mathrm{d}\theta_2)^2 \\ \qquad = a^2(1 - k^2\sin^2\theta_1)(\mathrm{d}\theta_1)^2 \\ (\mathrm{d}x)^2 = a^2\cos^2\theta_1(\mathrm{d}\theta_1)^2 - b^2\sin^2\theta_2(\mathrm{d}\theta_2)^2 \end{cases} \tag{14-1}$$

或者

$$\begin{cases} (\mathrm{d}s)^2 = (\mathrm{d}x)^2 + b^2\sin^2\theta_1(\mathrm{d}\theta_1)^2 + b^2\sin^2\theta_2(\mathrm{d}\theta_2)^2 \\ \qquad = a^2(1 - k^2\sin^2\theta_2)(\mathrm{d}\theta_2)^2 \\ (\mathrm{d}x)^2 = a^2\cos^2\theta_2(\mathrm{d}\theta_2)^2 - b^2\sin^2\theta_1(\mathrm{d}\theta_1)^2 \end{cases} \tag{14-2}$$

隐函数关系式两边微分，得到

$$\sqrt{1 - k^2\sin^2\theta_1}\,\mathrm{d}\theta_1 + \sqrt{1 - k^2\sin^2\theta_2}\,\mathrm{d}\theta_2 = 0 \tag{14-3}$$

由隐函数关系式可以看出参数角 θ_1 和 θ_2 有交换对称性,边界条件是

$$\theta_1 = 0, \quad \theta_2 = \pi/2; \quad \theta_1 = \pi/2, \quad \theta_2 = 0$$

数值求解(14-1)式和(14-3)式,就能得到两个角度 θ_1 和 θ_2 的数值函数关系和空间曲线数值表示。取 $a=5,b=3$,得到的空间组合体如图 14-4 所示。

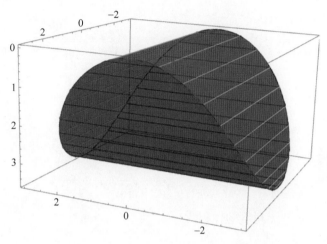

图 14-4 两个弯曲椭圆片的空间组合体

椭圆薯片弯曲过程中,曲线长度和曲面面积保持不变,就是原来的椭圆周长和面积,都有解析表达式。由图 14-4 可以看出,这个空间组合体由一片片平行的矩形组成,矩形的长是 $2b\cos\theta_1$,宽是 $2b\cos\theta_2$,矩形的厚度是 $\mathrm{d}x$,所以空间组合体的体积元是

$$\mathrm{d}V = 4b^2 \cos\theta_1 \cos\theta_2 \, \mathrm{d}x$$

由(14-23)式和(14-25)式可以得到

$$2(\mathrm{d}x)^2 = a^2 \left[(1-k^2\sin^2\theta_1)(\mathrm{d}\theta_1)^2 + (1-k^2\sin^2\theta_2)(\mathrm{d}\theta_2)^2 \right]$$

由此得到体积元的表达式

$$\mathrm{d}V = 2\sqrt{2}b^2 a \cos\theta_1 \cos\theta_2 \sqrt{(1-k^2\sin^2\theta_1)(\mathrm{d}\theta_1)^2 + (1-k^2\sin^2\theta_2)(\mathrm{d}\theta_2)^2}$$

由(14-3)式得到

$$\mathrm{d}V = 4b^2 a \cos\theta_1 \cos\theta_2 \sqrt{1-k^2\sin^2\theta_1} \, \mathrm{d}\theta_1$$

利用 δ 函数,可以把这个积分化为参数角度 θ_1 和 θ_2 平面上的两重积分

$$V = 4b^2 a \int_0^{\pi/2} d\theta_1 \int_0^{\pi/2} \delta(\theta_1, \theta_2) \cos\theta_1 \cos\theta_2 \sqrt{1 - k^2 \sin^2\theta_1}\, d\theta_2$$

其中参数角度 θ_1 和 θ_2 满足隐函数关系式。由隐函数 δ 函数的关系式

$$\delta(\theta_1, \theta_2) = \frac{\partial F(\theta_1, \theta_2)}{\partial \theta_1}\bigg|_{\theta_1 = \theta_2} \delta(F(\theta_1, \theta_2)) = \sqrt{1 - k^2 \sin^2\theta_2}\, \delta(F(\theta_1, \theta_2))$$

得到组合体的体积积分表示

$$V = 4b^2 a \int_0^{\pi/2} d\theta_1 \int_0^{\pi/2} \delta(F(\theta_1, \theta_2)) \cos\theta_1 \cos\theta_2 \sqrt{1 - k^2 \sin^2\theta_1} \sqrt{1 - k^2 \sin^2\theta_2}\, d\theta_2$$

利用 δ 函数的表达式

$$\delta(z) = \frac{i}{2\pi}\left(\frac{1}{z + i0} - \frac{1}{z - i0}\right)$$

并定义

$$G(\theta_1, \theta_2) = \cos\theta_1 \cos\theta_2 \sqrt{1 - k^2 \sin^2\theta_1} \sqrt{1 - k^2 \sin^2\theta_2}$$

定义以下含参数 α 的无量纲的体积为

$$V(k, \alpha) = \frac{i}{2\pi} \int_0^{\pi/2} d\theta_1 \int_0^{\pi/2} G(\theta_1, \theta_2) \left(\frac{1}{F(\theta_1, \theta_2) + i\alpha} - \frac{1}{F(\theta_1, \theta_2) - i\alpha}\right) d\theta_2$$

那么空间组合体的体积有以下极限表达式

$$V = 4b^2 a \lim_{\alpha \to 0} V(k, \alpha)$$

数值计算得到无量纲的体积为 $V(4/5) = 0.254836$，数值积分得到含参数的无量纲体积为 $V(4/5, 0.01) = 0.254274$，相对误差为 0.2%，说明空间体积的积分表达式是对的。

MMA 编制的程序请扫描 I 页二维码下载。

参 考 文 献

[1] 苏剑林. 两个椭圆片能粘合成一个立体吗[EB/OL]. https://kexue.fm/archives/6818.
[2] 椭圆积分[EB/OL]. https://dlmf.nist.gov/19.11.

15　卷起来的双圆锥

"水火之容"在百度几何吧中提出了这样一个问题：把一个圆形或者部分圆形（扇形）纸片，从两边卷起来，会得到两个相切且同样大小的圆锥面，而还有一部分扇形纸片保留在原处，这部分扇形纸片的两条边恰为圆锥面与原平面的切线。如图 15-1 所示，那么这两个圆锥的顶角是多少？

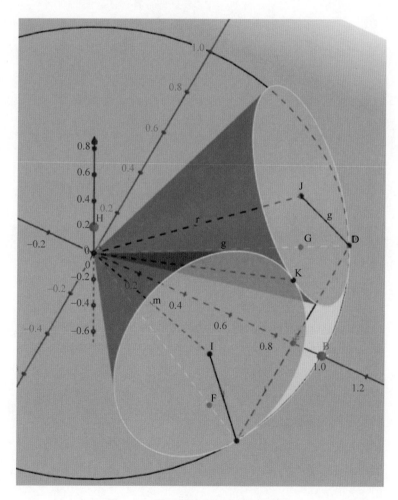

图 15-1　圆形纸片卷起来的双圆锥面

从反方向来研究，假设相切的双圆锥存在，把这两个圆锥打开铺平，将得到多大的扇形？先建立坐标系，设圆锥顶点为原点，相切线落在 x-z 平面内，圆锥对称轴方向与 z 轴的夹角余角是 θ_1，在 x-y 平面上投影与 x 轴的夹角是 θ_2，那么对称轴方向的单位矢量是

$$\boldsymbol{n}_1 = (\cos\theta_1\cos\theta_2, \cos\theta_1\sin\theta_2, \sin\theta_1)$$

与这个方向垂直的单位矢量是

$$\boldsymbol{n}_2 = (\sin\theta_1\cos\theta_2, \sin\theta_1\sin\theta_2, -\cos\theta_1)$$

$$\boldsymbol{n}_3 = (\sin\theta_2, -\cos\theta_2, 0)$$

所以锥面的参数方程是

$$\boldsymbol{r}(s, \varphi) = s\cos\theta_1\boldsymbol{n}_1 + s\sin\theta_1(\cos\varphi\,\boldsymbol{n}_2 + \sin\varphi\,\boldsymbol{n}_3)$$

另一个锥面可以通过对 x-z 平面的镜面反射操作来实现。设圆锥顶点到底面圆心的距离是 l，那么两个圆心的距离是

$$d = 2l\cos\theta_1\sin\theta_2$$

由两个圆锥相切的几何条件

$$d = 2l\sin\theta_1$$

得到两个角度的融洽条件

$$\sin\theta_2 = \tan\theta_1$$

设母线长度为 L，那么扇形弧长的一半是

$$L\theta_2 + 2\pi L\sin\theta_1$$

所以扇形角度的一半是

$$\frac{\theta}{2} = \theta_2 + 2\pi\sin\theta_1 = \arcsin\tan\theta_1 + 2\pi\sin\theta_1$$

由此得到圆锥顶角的上限（对应整个圆周）是

$$\theta_{1\max} = 0.436487(25°)$$

接下来确定两个圆锥相切线（点）所对应的参数角 φ，以便方便画图。在相切线上，y 坐标为零，即

$$\cos^2\theta_1\sin\theta_2 + \sin^2\theta_1\sin\theta_2\cos\varphi - \sin\theta_1\cos\theta_2\sin\varphi = 0$$

利用两个角度的关系式,上式可以化简为

$$\cos^2\theta_1 + \sin^2\theta_1\cos\varphi = \sqrt{\cos^2\theta_1 - \sin^2\theta_1}\,\sin\varphi$$

由此解得

$$\cos\varphi = -\tan^2\theta_1$$

或者

$$\varphi = \pi - \arccos(\tan^2\theta_1)$$

取 $\theta_1 = \pi/6$,得到的双圆锥图如图 15-2 所示。

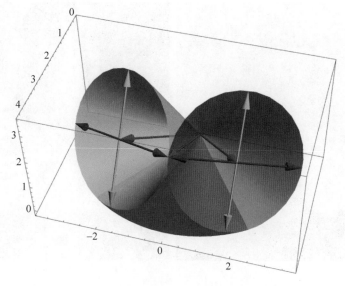

图 15-2　顶角为 30°的双圆锥面

MMA 编制的程序请扫描 I 页二维码下载。

参 考 文 献

[1]　水火之容. 扇形纸片卷成两个圆锥,求底面半径[EB/OL]. https://tieba. baidu. com/p/4773141965?red_tag=0197770299.

16　花瓣的形状

牵牛花或者喇叭花的花瓣，从生物物理模型角度看，是高斯曲率为常数的曲面。学名为苏菲尼亚（surfinia）的牵牛花，花瓣是一个整体的负高斯曲率曲面。天使喇叭花花瓣上有茎，是由五个正高斯曲率曲面对称拼起来的（图16-1）。茎的数目使花瓣曲面和茎总的弹性势能最小，这个数目一般为四、五或者六。

图 16-1　苏菲尼亚矮牵牛花和天使喇叭花

先考虑牵牛花的数学模型，设花瓣曲面有以下表达式：

$$\boldsymbol{r}(s,t) = (\rho(s)\cos t, \rho(s)\sin t, z(s)) \tag{16-1}$$

其中 $0 < t < 2\pi$ 是角度，s 是纵向弧长参数，满足

$$\rho'(s)^2 + z'(s)^2 = 1 \tag{16-2}$$

由微分几何知识可知，曲面的高斯曲率是

$$K = \frac{1}{2\rho}\partial_\rho\left[(\partial_s z)^2\right] \tag{16-3}$$

利用(16-2)式，(16-3)式可以直接积分，得到

$$\rho'(s)^2 + K(\rho(s)^2 - \rho_0^2) = \cos^2\alpha \qquad (16\text{-}4)$$

其中 ρ_0 是花瓣底部圆的半径，$\rho'(0) = \cos\alpha$。先考虑负常高斯曲率曲面，以 $\sqrt{-K}$ 为长度单位，并设 $\rho'(0) = 0$，那么

$$\rho(s) = \rho_0\cosh s, \quad z(s) = -\mathrm{i}\mathrm{E}(\mathrm{i}s, \mathrm{i}\rho_0) \qquad (16\text{-}5)$$

其中 $\mathrm{E}(x, k)$ 是第二类椭圆积分

$$\mathrm{E}(x, k) = \int_0^x \sqrt{1 - k^2\sin^2 x}\, \mathrm{d}x \qquad (16\text{-}6)$$

取 $\rho_0 = 0.1$，理想数学上的牵牛花瓣如图 16-2 所示。

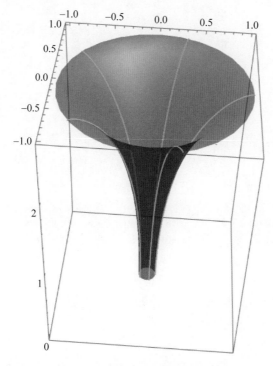

图 16-2　牵牛花的数学模型曲面

再考虑正常高斯曲率曲面，以 $\sqrt{K}$ 为长度单位，并设 $\rho'(0) = 0$，那么

$$\rho(s) = \rho_0\cos s, \quad z(s) = \mathrm{E}(s, \rho_0) \qquad (16\text{-}7)$$

取 $\rho_0 = 0.5$，理想数学上的五瓣喇叭花瓣如图 16-3 所示。

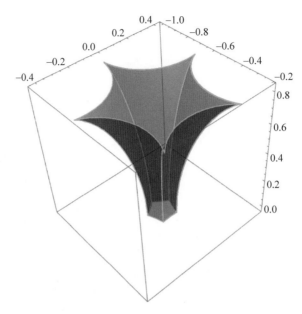

图 16-3 喇叭花的数学模型曲面

MMA 编制的程序请扫描 I 页二维码下载。

参 考 文 献

［1］ AMAR M B，MÜLLER M M，TREJO M. Petal shapes of sympetalous flowers：the interplay between growth，geometry and elasticity［J］. New Journal of Physics，2012，14（8）：85014-85029 （16）.

17 注水气球的形状

理想的气球充满气后是常曲率曲面,气球内外压强之差正比于表面曲率,是一个常数。往气球中灌些水,然后挂起来,气球呈现水滴状,如图 17-1 所示。

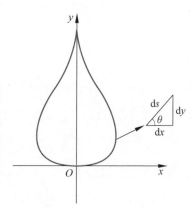

图 17-1 注水气球

图 17-1 中的气球表面有没有解析表达式?注水气球有四个几何特征量:第一个是圆形水面半径 a;第二个是水面与气球最低点的垂直距离(高度)h;第三个是气球圆形横截面最大直径(宽度)D;第四个是水的体积 V。水面半径 a,水面高度 h,水面最大宽度 D,水的体积 V 这四个量有何关系?我们构建物理模型来回答这些问题。

假设气球表面没有质量,即气球表面的质量密度远小于水的质量密度。整个体系,包括气球表面和水,具有柱对称性。取坐标原点为气球的最低点,y 轴方向为竖直向上。从侧面看,气球的轮廓线与水平面的夹角是 θ,轮廓线上一点三维直角坐标是 $(x\cos\phi, x\sin\phi, y)$,且有

$$\mathrm{d}x = \cos\theta\,\mathrm{d}s, \quad \mathrm{d}y = \sin\theta\,\mathrm{d}s \tag{17-1}$$

其中 s 是气球的轮廓线的弧长坐标。气球表面上微元四边形受力平衡,可以得到形状方程

$$\mathrm{d}(Tx\sin\theta) = \rho g(h-y)x\cos\theta\,\mathrm{d}s \tag{17-2}$$

$$\mathrm{d}(Tx\cos\theta) = T\,\mathrm{d}s - \rho g(h-y)x\sin\theta\,\mathrm{d}s \tag{17-3}$$

其中 T 是气球表面的张力系数。(17-2)式和(17-3)式化为

$$Tx\,\mathrm{d}\theta = \rho g(h-y)x\,\mathrm{d}s - T\sin\theta\,\mathrm{d}s \tag{17-4}$$

$$\mathrm{d}(Tx) = T\,\mathrm{d}x \tag{17-5}$$

(17-5)式意味着气球表面的张力系数 T 是常量。水体积的微分方程是

$$\mathrm{d}V = \pi x^2\,\mathrm{d}y \tag{17-6}$$

原点处的起始条件是

$$x(0)=0,\quad y(0)=0,\quad \theta(0)=0,\quad V(0)=0 \tag{17-7}$$

实际数值计算中,我们发现(17-3)式中的 h 并不是水面高度,而是一个参考高度,设为 H。长度以 H 为单位,张力系数 T 以 $\rho g H^2$ 为单位,那么(17-4)式化为

$$Tx\,\mathrm{d}\theta = (1-y)x\,\mathrm{d}s - T\sin\theta\,\mathrm{d}s \tag{17-8}$$

以上方程组没有解析解,只能数值求解。数值求解得到的注水气球理论曲面如图 17-2 所示。

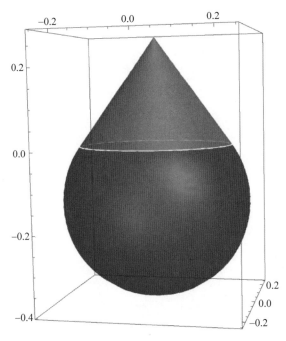

图 17-2　注水气球的理论模型图

注水气球形状与理论曲线对照如图 17-3 所示。

图 17-3　第四组注水气球实验与理论模拟对照

MMA 编制的程序请扫描 I 页二维码下载。

18　无重力下转动液滴的形状

　　流体静力学的开山鼻祖 Plateau 曾经研究过无（微）重力环境中旋转液滴形状问题，他把一个直径为 6 厘米的橄榄油滴，放在水和酒精混合溶液（这样与橄榄油有相同的密度）中间，再用一个杆带动液滴匀速旋转。他发现，随着转速增大，液滴会被拉扁，变成椭球形，再变为轮胎形。150 年后（1985 年），华人科学家王赣骏携带他设计的仪器进入航天飞机，由此成为第一个进入太空的华人，他实际测量了微重力下转动硅油液滴形状。

　　从理想物理模型角度考虑，由侧面看稳定转动状态的液滴。设旋转轴为 y 轴，上下对称轴为 x 轴，形状由 $y = y(x)$ 确定，如图 18-1 所示。

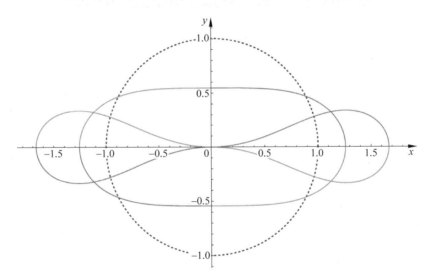

图 18-1　无重力下不同转速液滴的侧面轮廓线

　　液滴的轮廓线有微分几何关系式

$$\mathrm{d}x = \cos\theta\,\mathrm{d}s, \quad \mathrm{d}y = \sin\theta\,\mathrm{d}s$$

其中 s 是纵截面曲线的弧长参数，θ 是切线与 x 轴的夹角。从转动参考系看，液滴的能量（势能）有转动势能和表面张力势能。由对称性可知，只考虑上半部分的液滴，其体积元是

$$\mathrm{d}V = 2\pi x y(x)\mathrm{d}x$$

设 ρ 是质量密度, 体积元的离心势能是

$$\mathrm{d}E_1 = -\frac{1}{2}\omega^2 x^2 \rho \mathrm{d}V$$

液滴表面的面积微元是

$$\mathrm{d}A = 2\pi x \sqrt{1 + y'(x)^2}\,\mathrm{d}x$$

设 σ 是表面张力系数, 那么表面元的势能是

$$\mathrm{d}E_2 = \sigma \mathrm{d}A$$

液滴的拉氏量是总势能加上拉氏因子 λ 与总体积 V 的乘积

$$\frac{\Phi}{2\pi} = \int \left[-\frac{1}{2}\rho\omega^2 x^2 xy + \sigma x \sqrt{1 + y'(x)^2} + \lambda xy \right]\mathrm{d}x$$

长度以原来球形液滴半径 r_0 为单位, 角速度平方以 $\sigma/\rho r_0^3$ 为单位, 拉氏因子以 σ/r_0 为单位, 那么归一化的拉氏量为

$$\Phi' = \frac{\Phi}{2\pi\sigma r_0^2} = \int \left(-\frac{1}{2}\omega^2 x^3 y + x \sqrt{1 + y'(x)^2} + \lambda xy \right)\mathrm{d}x$$

由分部积分, 得

$$\int xy\,\mathrm{d}x = \int y\,\mathrm{d}(x^2/2) = \frac{x^2 y}{2} - \frac{1}{2}\int x^2 y'\,\mathrm{d}x$$

$$\int x^3 y\,\mathrm{d}x = \int y\,\mathrm{d}(x^4/4) = \frac{x^4 y}{4} - \frac{1}{4}\int x^4 y'\,\mathrm{d}x$$

忽略边界项 (可由解反过来验证), 拉氏量为

$$\Phi' = \int \left(\frac{1}{8}\omega^2 x^4 y' + x \sqrt{1 + y'(x)^2} - \frac{\lambda}{2}x^2 y' \right)\mathrm{d}x$$

作用量中没有 y 项, 由拉氏方程得到

$$\frac{1}{8}\omega^2 x^4 + x \frac{y'}{\sqrt{1 + y'^2}} - \frac{\lambda}{2}x^2 = C$$

先考虑转速较小, 液滴不会穿孔的情形, 此时 $y'(0) = 0$, 积分常数 C 是零, 得到

$$\frac{y'}{\sqrt{1 + y'^2}} = \frac{\lambda}{2}x - \frac{1}{8}\omega^2 x^3$$

令 $y' = \tan\theta$，上式化为

$$\sin\theta = \frac{\lambda}{2}x - \frac{1}{8}\omega^2 x^3$$

然后两边对弧长求导，得到

$$\cos\theta \frac{\mathrm{d}\theta}{\mathrm{d}s} = \frac{\lambda}{2}\cos\theta - \frac{3}{8}\omega^2 x^2 \cos\theta$$

由此得到

$$\frac{\mathrm{d}\theta}{\mathrm{d}s} = \frac{\lambda}{2} - \frac{3}{8}\omega^2 x^2$$

我们可以解析或者数值求解这个形状方程，但需要涉及三次方程的求解和椭圆积分，形式上比较麻烦。换个思路，直接数值求解以下方程：

$$\theta'(s) = \frac{\lambda}{2} - \frac{3}{8}\omega^2 x^2, \quad x'(s) = \cos\theta, \quad y'(s) = \sin\theta, \quad V'(s) = 2\pi x y \cos\theta$$

中心转轴处的边界条件是

$$x(0) = 0, \quad y(0) = h, \quad \theta(0) = 0$$

其中 h 是中心转轴处液滴的厚度。液滴最外端的边界条件是

$$y(s_1) = 0, \quad \theta(s_1) = -\pi/2, \quad V(s_1) = 4\pi/3$$

现在未知（待定）量有 3 个，中心转轴处液滴的厚度 h，液滴轮廓（截面）曲线最外端的弧长参数 s_1，以及拉氏因子 λ。正好由液滴曲线末端边界条件确定。数值计算发现，随着角速度变大，液滴中心部分会"压扁"，这是由于转动参考系下的离心力拉伸引起的。数值计算也发现一个有趣的现象，当角速度平方等于 4 时，存在两种平衡位形，其中一种位形液滴中心处的厚度为零，如图 18-2 和图 18-3 所示。

定义两个无量纲参数

$$a = \omega^2/8, \quad b = -\lambda/2$$

那么形状方程转化为

$$\frac{\mathrm{d}y}{\mathrm{d}x} = -\frac{ax^3 + bx}{\sqrt{1 - (ax^3 + bx)^2}}$$

设液滴最外端到中心转轴的距离是 x_1，那么边界条件是

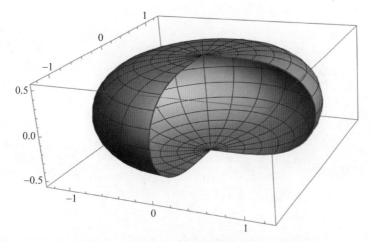

图 18-2　角速度平方为 4 时的转动液滴曲面,中心厚度不为零

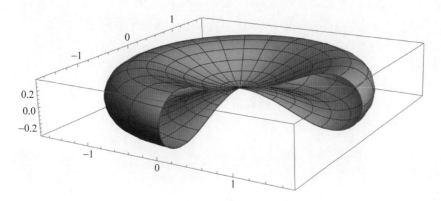

图 18-3　角速度平方为 4 时的转动液滴曲面,中心厚度为零

$$ax_1^3 + bx_1 = 1$$

再作变量代换

$$t = x/x_1, \quad u = ax_1^3, \quad bx_1 = 1 - u$$

对形状方程积分,积分区间为 $0 < t < 1$,得到转轴中心处液滴的厚度为

$$h = x_1 \int_0^1 \frac{f(t,u)}{\sqrt{1 - f^2(t,u)}} \mathrm{d}t$$

其中,

$$f(t,u) = ut^3 + (1-u)t$$

分部积分，液滴的体积是

$$V = 2\pi \int_0^{x_1} xy \, \mathrm{d}x = -\pi \int_0^{x_1} x^2 y'(x) \, \mathrm{d}x = \pi x_1^3 \int_0^1 \frac{t^2 f(t,u)}{\sqrt{1 - f^2(t,u)}} \mathrm{d}t$$

由等式

$$\frac{\mathrm{d}}{\mathrm{d}t} \sqrt{1 - f^2(t,u)} = \frac{(u - 1 - 3ut^2) f(t,u)}{\sqrt{1 - f^2(t,u)}}$$

两边积分，计算得到

$$V = \frac{\pi}{3a} \left(1 + (u-1) \frac{h}{x_1} \right) = \frac{2\pi}{3}$$

如果中心厚度 $h = 0$，那么 $a = 1/2$，角速度平方为 $\omega^2 = 8a = 4$，这与数值计算的结果一致。

如果液滴中间有孔，液滴形状方程右边的常数 C 不为零

$$\frac{1}{8} \omega^2 x^4 + x \sin\theta - \frac{\lambda}{2} x^2 = C$$

形状方程两边对截面（轮廓）曲线弧长求导，得到

$$\frac{1}{2} \omega^2 x^3 \cos\theta + x \cos\theta \frac{\mathrm{d}\theta}{\mathrm{d}s} + \sin\theta \cos\theta - \lambda x \cos\theta = 0$$

由此得到

$$\frac{1}{2} \omega^2 x^3 + x \frac{\mathrm{d}\theta}{\mathrm{d}s} + \sin\theta - \lambda x = 0$$

液滴内侧的边界条件是

$$x(0) = x_0, \quad y(0) = 0, \quad \theta(0) = \frac{\pi}{2}$$

液滴外侧的边界条件是

$$x(s_1) = x_1, \quad y(s_1) = 0, \quad \theta(s_1) = -\frac{\pi}{2}, \quad V(s_1) = \frac{4\pi}{3}$$

现在未知（待定）量有 3 个，液滴内侧到转轴的距离 x_0，液滴轮廓（截面）曲线最外端的弧长参数 s_1，以及拉氏因子 λ，正好由液滴曲线末端后 3 个边界条件确定。

当转速平方为 4 时，计算给出的圆环状转动液滴如图 18-4 所示。

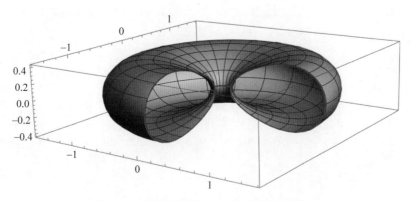

图 18-4　角速度平方为 4 时的转动液滴曲面

　　由以上计算可知,对于同一个驱动角速度,稳定旋转的液滴有三种位形。说明转速并不是唯一确定液滴形状的参数。从物理角度看,液滴的角动量是确定液面形状的另一个参数。另外,数值计算表明,除了具有旋转对称性的曲面,还有正多边形对称性,甚至没有旋转对称性的曲面,如图 18-5 所示。

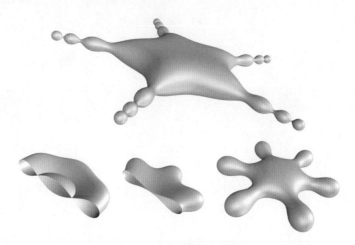

图 18-5　更多的转动液滴曲面

MMA 编制的程序请扫描 I 页二维码下载。

参 考 文 献

［1］　梁昊. 如何计算一个球形水滴在绕直径旋转的表面方程［EB/OL］. https://www.zhihu.com/question/408277711/answer/1402659548.

［2］ WANG T G. Equilibrium shapes of rotating spheroids and drop shape oscillations［J］. Advances in Applied Mechanics,1988,26: 1-62.

［3］ SMITH D R,ROSS J E. Universal shapes and bifurcation for rotating incompressible fluid drops［J］. Methods Appl. Anal. ,1994,1(2): 210-228.

［4］ HEINE C J. Computations of form and stability of rotating drops with finite elements［J］. Ima Journal of Numerical Analysis,2006,26(4): 723-751(29).

［5］ ELMS J, HYND R, LOPEZ R, et al. Plateau's rotating drops and rotational figures of equilibrium［J］. Journal of Mathematical Analysis & Applications, 2017, 446 (1): 201-232.

19 球面投影曲线

在国外的数学艺术展览中，有这样一个有趣的投影作品。把一个点光源放在一个球面的北极，球面上有一组组"相交的曲线"。灯光被这些经纬线遮挡，在南极与球面相切的平面上投影出正方形网格，如图 19-1 所示。

图 19-1 投影成正方形网格的球面经纬线

设球面方程是

$$x^2 + y^2 + (z-1)^2 = 1 \tag{19-1}$$

地面上一个线段两端的坐标是 (x_1, y_1) 和 (x_2, y_2)，那么连接这两个点的直线的参数方程是

$$x = (1-k)x_1 + kx_2, \quad y = (1-k)y_1 + ky_2 \tag{19-2}$$

设从球面最高点 $(0,0,2)$ 到线段上一点连线与球面的交点为

$$\boldsymbol{r} = (1-\lambda)(0,0,2) + \lambda(x,y,0) \tag{19-3}$$

代入球面方程，得到

$$\lambda^2 \{ [(1-k)x_1 + kx_2]^2 + [(1-k)y_1 + ky_2]^2 \} + (1-2\lambda)^2 = 1 \tag{19-4}$$

计算得到

$$\lambda = \frac{4}{\left[(1-k)x_1 + kx_2\right]^2 + \left[(1-k)y_1 + ky_2\right]^2} - 4 \qquad (19\text{-}5)$$

把这个表达式代入到球面一点坐标表达式(19-2)，就能得到对应线段的球面曲线，

效果如图 19-2 所示。

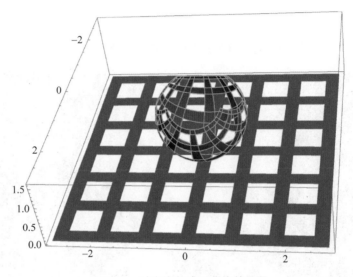

图 19-2　对应线段球面曲线效果图

MMA 编制的程序请扫描 I 页二维码下载。

参 考 文 献

[1]　HENRY S. Visualizing mathematics with 3D printing[M]. Maryland： Johns Hopkins University Press，2016.

20 落球牛奶面

抖音"油画艺术"用高速摄影机拍摄了台球落在桌面牛奶盘的过程,牛奶溅起形成一个近似圆柱面,向上升起,同时向内合拢,像一个倒放的钟,如图 20-1 所示。请扫右侧二维码观看视频。

落球水冠.wmv

曲面向上是由于起先落球撞击使得牛奶获得的动能大于重力势能,有向上的趋势。曲面向内弯曲是由于水钟内部有空气流动,内部流动空气的压强小于外部静止空气的压强。若球落在有很大深度的容器,其模型如图 20-2 所示。

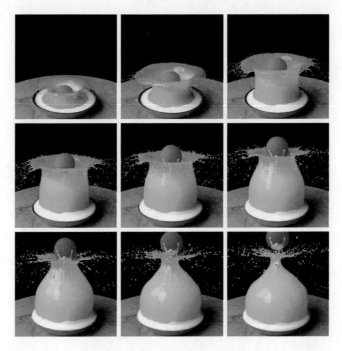

图 20-1 牛奶溅起形成的水钟曲面

先考虑曲面上端边缘的运动,其受力分析如图 20-3 所示。

图 20-3 中的上端边缘突起微元,到中心轴的距离是 $r(t)$,在水平面上投影对中心(原点)张开的角度是 $\Delta\varphi$,故其长度是 $\Delta L = r(t)\Delta\varphi$。截面可以看作半径为 a 的圆,故其体积是 $V = \pi a^2 \Delta L$,质量是 $m = \rho V$。微元受到的第一个力是下面

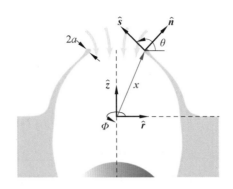

图 20-2　水钟曲面演化示意图

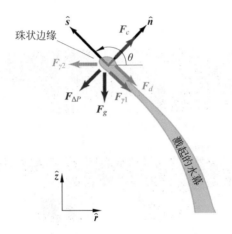

图 20-3　水钟上端边缘受力分析示意图

水帘对它的表面张力 $F_{\gamma 1}$，其大小为 $2\gamma\Delta L$，这里 γ 是液体（牛奶或水）的表面张力系数。第二个力来自微元左右两边（图 20-3 中垂直纸面内外两部分）对它表面张力的合力 $F_{\gamma 2}$，这个表面张力大小是 $T=2\pi a\gamma$，合力指向竖直中心对称轴，其大小为 $2T\sin(\Delta\phi/2)\approx T\Delta\phi$。第三个力是重力 F_g，其大小是 mg。第四个力是曲面内外两边的压力差 $F_{\Delta P}$，其大小是 $2a\,\Delta L\,\Delta P$。第五个是空气阻力，正比于空气密度 ρ_a，相对横截面积 $2a\,\Delta L$ 和速度的平方 u^2，比例系数是 $12/Re$，这里 Re 是雷诺常数。

再考虑水帘曲面微元的运动，设微元所处曲面的坐标为 $r(s,t)$ 和 $z(s,t)$，其中弧长参数取值范围为 $0<s<s_{\max}(t)$。这样水钟上端边缘突起的坐标为

$r(s_{\max}(t),t)$ 和 $z(s_{\max}(t),t)$。坐标满足几何关系

$$\frac{\partial r(s,t)}{\partial s}=\cos\theta(s,t),\qquad \frac{\partial z(s,t)}{\partial s}=\sin\theta(s,t) \tag{20-1}$$

设曲面微元的面积为 A,厚度为 h,质量为 $m=\rho Ah$。微元受到的重力、内外压力差、空气阻力和表面张力引起的附加压力正比于微元面积 A 和平均曲率 $H=\sin\theta/r+\partial\theta/\partial s$。空气阻力正比于空气密度,微元切向速度的平方。图 20-2 中切向和法向的单位方向为

$$\boldsymbol{s}=\cos\theta\boldsymbol{r}+\sin\theta\boldsymbol{z} \tag{20-2}$$

$$\boldsymbol{n}=\sin\theta\boldsymbol{r}-\cos\theta\boldsymbol{z} \tag{20-3}$$

曲面微元的速度是

$$\boldsymbol{u}=\frac{\partial r}{\partial t}\boldsymbol{r}+\frac{\partial z}{\partial t}\boldsymbol{z} \tag{20-4}$$

加速度是

$$\boldsymbol{a}=\frac{\partial r^2}{\partial t^2}\boldsymbol{r}+\frac{\partial z^2}{\partial t^2}\boldsymbol{z} \tag{20-5}$$

由曲面微元的牛顿运动方程,得到水钟曲面的演化方程

$$m\left(\frac{\partial r^2}{\partial t^2}\boldsymbol{r}+\frac{\partial z^2}{\partial t^2}\boldsymbol{z}\right)=-mg\boldsymbol{z}-\left(\Delta P+2\gamma\left(\frac{\sin\theta}{r}+\frac{\partial\theta}{\partial s}\right)\right)A\boldsymbol{n}-$$

$$\frac{12}{Re}\rho_a A\left(\cos\theta\frac{\partial r}{\partial t}+\sin\theta\frac{\partial z}{\partial t}\right)^2\boldsymbol{s}$$

演化方程的边界条件就是图 20-3 中上端微元的牛顿方程,但是没有离心力。因为"离心力"本质是曲线坐标方向不固定引起的。同时,要考虑上端边缘的弧长参数也依赖于时间,切向角度和坐标都是时间的函数 $\theta(t)=\theta(s_{\max}(t),t)$,$r(t)=r(s_{\max}(t),t)$,$z(t)=z(s_{\max}(t),t)$。上端微元的速度为

$$\boldsymbol{u}=\left(\frac{\partial r}{\partial t}+\frac{\partial r}{\partial s}\frac{\mathrm{d}s_{\max}(t)}{\mathrm{d}t}\right)\boldsymbol{r}+\left(\frac{\partial z}{\partial t}+\frac{\partial z}{\partial s}\frac{\mathrm{d}s_{\max}(t)}{\mathrm{d}t}\right)\boldsymbol{z}$$

或者

$$\boldsymbol{u}=\left(\frac{\partial r}{\partial t}+\cos\theta\frac{\mathrm{d}s_{\max}(t)}{\mathrm{d}t}\right)\boldsymbol{r}+\left(\frac{\partial z}{\partial t}+\sin\theta\frac{\mathrm{d}s_{\max}(t)}{\mathrm{d}t}\right)\boldsymbol{z}$$

上端微元的加速度为

$$a = \left(\frac{\partial^2 r}{\partial t^2} + \frac{\partial^2 r}{\partial s \partial t} \cos\theta - \sin\theta \frac{d\theta(t)}{dt} \frac{ds_{max}(t)}{dt} + \cos\theta \frac{d^2 s_{max}(t)}{dt^2} \right) r +$$

$$\left(\frac{\partial^2 z}{\partial t^2} + \frac{\partial^2 z}{\partial s \partial t} \sin\theta + \cos\theta \frac{d\theta(t)}{dt} \frac{ds_{max}(t)}{dt} + \sin\theta \frac{d^2 s_{max}(t)}{dt^2} \right) z$$

把上端微元的牛顿方程写出来,就得到边界条件。

$$ma = -2\gamma\Delta Ls - 2\pi a\gamma\Delta\phi r - mgz - 2a\Delta L\Delta Pn - \frac{12}{Re}\rho_a a\Delta L(u \cdot s)^2$$

其中 $m = \rho\pi a^2\Delta L$,$\Delta L = r(t)\Delta\varphi$。很显然,这个方程和文献[1]的方程不一样。原因在于一是上端边缘所经历过的曲线,并不就是它下面水帘的截面曲线。二是某一时刻的上端边缘速度方向,并不就是截面曲线边缘处的切线方向。不过,虽然我们可能把水钟曲面的演化方程和边界条件写出来了,但是目前解不出来,无论解析还是数值。这个边界条件是最麻烦处理的移动边界条件。

这个章节我无法给出计算程序,希望有读者给出。

参 考 文 献

[1] ESHRAGHI J, JUNG S, VLACHOS P P. To seal or not to seal: The closure dynamics of a splash curtain[J]. Physical Review Fluids, 2020, 5(10): 104001.

第三章
有趣的体

21 内切四面体的迭代极限

取一个任意的 $\triangle A_0 B_0 C_0$，设其内切圆与三条边的三个切点分别为 A_1、B_1、C_1。三个切点形成一个新的 $\triangle A_1 B_1 C_1$，称其为切点三角形。继续作它的切点三角形，这样无限迭代下去，如图 21-1 所示。可以证明，最终的三角形是等边三角形。

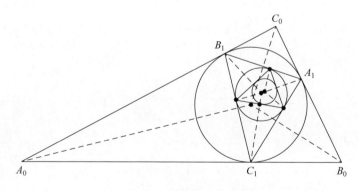

图 21-1 内切三角形的迭代

把这个操作从二维平面拓展到三维空间，任意四面体内切球的四个切点，形成一个新的四面体，如图 21-2 所示。继续迭代下去，这个极限四面体是不是正四面体？

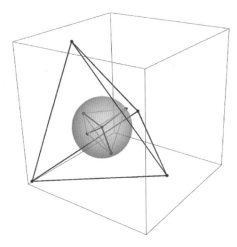

图 21-2 　内切四面体的迭代

先简要推导一下四面体内切球球心（内心）坐标与四面体四个顶点坐标之间的关系，为简单起见，设其中一个点为原点，其余三个点矢量分别是 $\boldsymbol{r}_1$、$\boldsymbol{r}_2$、$\boldsymbol{r}_3$，设内心对应的矢量是这三个矢量的线性组合

$$\boldsymbol{r}_n = k_1 \boldsymbol{r}_1 + k_2 \boldsymbol{r}_2 + k_3 \boldsymbol{r}_3$$

考虑 $r_0 r_1 r_2 r_n$ 和 $r_0 r_1 r_3 r_n$ 这两个四面体的体积之比，由矢量的混合积定义，得到

$$\frac{\boldsymbol{r}_n \cdot (\boldsymbol{r}_1 \times \boldsymbol{r}_2)}{\boldsymbol{r}_n \cdot (\boldsymbol{r}_2 \times \boldsymbol{r}_3)} = \frac{A_{012}}{A_{023}}$$

其中 A 为 $\triangle r_0 r_1 r_2$ 的面积。把内心坐标代入，得到

$$\frac{k_3 \boldsymbol{r}_3 \cdot (\boldsymbol{r}_1 \times \boldsymbol{r}_2)}{k_1 \boldsymbol{r}_1 \cdot (\boldsymbol{r}_2 \times \boldsymbol{r}_3)} = \frac{k_3}{k_1} = \frac{A_{012}}{A_{023}}$$

系数之比等于对应点对面三角形的面积之比，所以对于原点任意选取的四面体，内心坐标矢量是

$$r_n = \frac{A_1 r_1 + A_2 r_2 + A_3 r_3 + A_4 r_4}{A_1 + A_2 + A_3 + A_4}$$

其中 A_i 是第 i 个点对面的三角形的面积。这样,任意给出四面体的四个顶点矢量 r_1、r_2、r_3、r_4,可以计算出四面体的体积

$$V = \frac{1}{6}(r_2 - r_1) \cdot [(r_3 - r_1) \times (r_4 - r_1)]$$

以及三角形的面积

$$A_{ijk} = \frac{1}{2} |(r_j - r_i) \times (r_k - r_i)|$$

内切球的半径是

$$r = \frac{3V}{A_1 + A_2 + A_3 + A_4}$$

其中 $A_1 = A_{234}$,等等。用数学软件 MMA 编制程序,取起始四个点的坐标是

$$r_1 = (0,0,0), \quad r_2 = (1,0,0), \quad r_3 = (0,1,0), \quad r_4 = (0,0,1)$$

第一次迭代的内切四面体如图 21-3 所示。

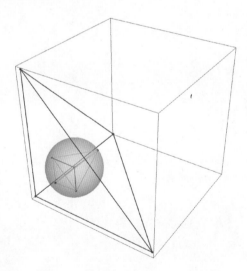

图 21-3 第一次迭代的内切四面体

第十一次迭代的内切四面体如图 21-2 所示。数值计算发现,十次迭代之后的四面体,已经非常接近于正四面体。但是一般的证明还没找到,希望有读者可以发

现。我们猜想四面体六条边矢量之间夹角的三角函数，前后迭代有递推关系。这个递推关系很复杂隐秘。

MMA 编制的程序请扫描Ⅰ页二维码下载。

参 考 文 献

[1]　GOLDONI G. Problem 10993[J]. Amer. Math. Monthly，2003，110：155.

22 正多面体之间的变换

文献[1]中出现一种很有趣的折叠玩具,正四面体板之间,通过铰链链接,可以展开为大的切割-正四面体。其变换示意图如图 22-1 所示。

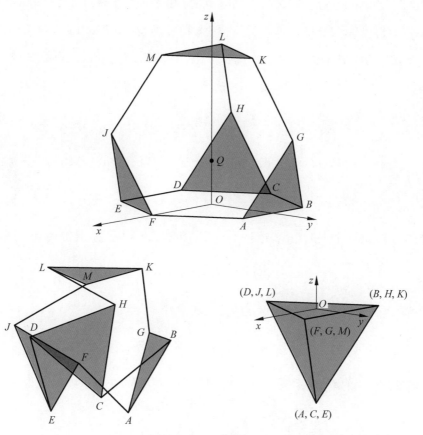

图 22-1 正四面体板与大的切割正四面体变换示意图

我们降低难度,采用和文献不一样的坐标和处理方法。把正四面体镶嵌在一个正方体内,即正四面体的棱是正方体平行正方形上互成直角的两条对角线。取正方体上四个基准点,为

$$\boldsymbol{r}_1 = (1,1,1), \quad \boldsymbol{r}_2 = (-1,-1,1), \quad \boldsymbol{r}_3 = (1,-1,-1), \quad \boldsymbol{r}_4 = (-1,1,-1)$$

那么起先四个正三角形的 12 个顶点坐标是

$$\overrightarrow{RA}=2\boldsymbol{r}_3/3+\boldsymbol{r}_4/3, \quad \overrightarrow{RB}=2\boldsymbol{r}_3/3+\boldsymbol{r}_2/3, \quad \overrightarrow{RC}=2\boldsymbol{r}_2/3+\boldsymbol{r}_3/3,$$

$$\overrightarrow{RD}=2\boldsymbol{r}_2/3+\boldsymbol{r}_4/3, \quad \overrightarrow{RE}=2\boldsymbol{r}_4/3+\boldsymbol{r}_2/3, \quad \overrightarrow{RF}=2\boldsymbol{r}_4/3+\boldsymbol{r}_3/3,$$

$$\overrightarrow{RG}=2\boldsymbol{r}_3/3+\boldsymbol{r}_1/3, \quad \overrightarrow{RJ}=2\boldsymbol{r}_4/3+\boldsymbol{r}_1/3, \quad \overrightarrow{RH}=2\boldsymbol{r}_2/3+\boldsymbol{r}_1/3,$$

$$\overrightarrow{RK}=2\boldsymbol{r}_1/3+\boldsymbol{r}_3/3, \quad \overrightarrow{RL}=2\boldsymbol{r}_1/3+\boldsymbol{r}_2/3, \quad \overrightarrow{RM}=2\boldsymbol{r}_1/3+\boldsymbol{r}_4/3$$

不考虑重力影响，此后这四个板是这样运动的：沿着正方体的四个体对角线方向，边向内移动，边转动。MMA 中有内置的转动矩阵三维表示，譬如 RotationMatrix$[\theta,n]$ 表示沿着 $\boldsymbol{n}$ 方向转动 θ 角度。将 $\overrightarrow{RK}$ 和 $\overrightarrow{RB}$ 这两段，沿着 $(1,1,1)$ 方向转动 θ 角度，再平移 $t(1,1,1)$，$\overrightarrow{RK}$ 移动到以下坐标：

$$\overrightarrow{RK'}=\left(\frac{5}{9}+\frac{4}{9}\cos\theta+t,\ \frac{5}{9}-\frac{2}{9}\cos\theta+\frac{2}{9}\sqrt3\sin\theta+t,\ \frac{5}{9}-\frac{2}{9}\cos\theta-\frac{2}{9}\sqrt3\sin\theta+t\right)$$

沿着 $(1,-1,-1)$ 方向转动 θ 角度，再平移 $t(1,-1,-1)$，$\overrightarrow{RB}$ 移动到以下坐标：

$$\overrightarrow{RB'}=\left(\frac{5}{9}-\frac{2}{9}\cos\theta-\frac{2}{9}\cos\theta+t,\ -\frac{5}{9}-\frac{4}{9}\cos\theta-t,\ -\frac{5}{9}+\frac{2}{9}\cos\theta-\frac{2}{9}\sqrt3\sin\theta-t\right)$$

移动过程中，这两个点的距离，也是铰链杆的距离，是不变的。计算得到

$$\frac{8}{81}\left(33+90t+81t^2-4(5+9t)\cos\theta-4\cos2\theta\right)=\frac{8}{9}$$

由此解的平移参量 t 与转动角度 θ 的关系式

$$t=\frac{1}{9}\left(-5+2\cos\theta+\sqrt{3(1+2\cos2\theta)}\right)$$

其中转动角度 θ 的取值范围是 $0°\sim60°$。某个角度折叠体的空间构型如图 22-2 所示。

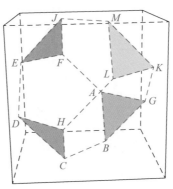

图 22-2　特定视角下折叠体的空间构型

MMA 编制的程序请扫描 I 页二维码下载。

参 考 文 献

[1] YANG F，CHEN Y. One-DOF transformation between tetrahedron and truncated tetrahedron [J]. Mechanism and Machine Theory，2018，121：169-183.

23 磁棒小球多面体

小朋友的玩具能搭建出数学三维构型。于是利用磁棒和小球，通过摸索和尝试搭建出了两类环状多面体，如图 23-1，图 23-2 所示。

仔细观察这两类环状多面体我们发现，第一类的基本组元是五棱锥，共有 15 个组元；第二类的基本组员是类似于桥梁的框架，共有 5 个组元，图 23-2 中用不同颜色来区分。如果做理想模型，小球缩小为点，磁棒缩小为线段，那么这些环状多面体顶点坐标是多少？满足什么样的对称性？

图 23-1 第一类环状多面体

图 23-2 第二类环状多面体

仔细观察图 23-1 中的环状多面体，发现这个多面体的基本单元是正五边形双棱锥，如图 23-3 所示。

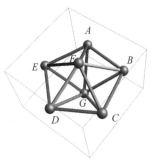
图 23-3 正五边形双棱锥

把这个多面体投影到桌面上，得到一个正五边形，边与边的夹角（内角）是 108°。外加单元与单元连接处由两个五棱锥的两个底边磁棒和一个连接磁棒组成的正三角形，得到这个多面体的内角是 108°＋60°＝168°，它的外角是 180°－168°＝12°，所以这个正多边形的边数是 360÷12＝30。平面投影中，正五边形中心点 O_1，多面体对称中心点 O 和属于单元正五边形且是 30 边形顶点的点 C 组成一个三角形,内角分别为 $144°$、$6°$ 和 $30°$。设正五边形的顶点到正五边形的中心的长度 $O_1C=1$,那么由正弦定理,多面体中心到正五边形中心距离 $OO_1 = \sin30° \div \sin6°$。现以点 O 为坐标轴原点,OO_1 的连线方向为 x 轴,点 D 指向点 C 的方向为 y 轴,垂直于投影平面且向上的方向为 z 轴。则图 23-3 中的正五边形双棱锥的七个顶点相对多面体中心点 O 的坐标很容易求得:

$$A \qquad \left(\frac{1}{2}(\csc6° - 2), 0, 0\right)$$

$$B \qquad \left(\frac{1}{2}(\csc6° - 2) + 2\cos^2 54°, \sin108°, 0\right)$$

$$C \qquad \left(\frac{1}{2}\sec6° + \sin54°, \cos54°, 0\right)$$

$$D \qquad \left(\frac{1}{2}\sec6° + \sin54°, -\cos54°, 0\right)$$

$$E \qquad \left(\frac{1}{2}(\csc6° - 2) + 2\cos^2 54°, -\sin108°, 0\right)$$

$$F \qquad \left(\frac{1}{2}\csc6°, 0, \frac{\sqrt{5}-1}{2}\right)$$

$$G \qquad \left(\frac{1}{2}\csc6°, 0, -\frac{\sqrt{5}-1}{2}\right)$$

单元格按坐标轴 z 旋转一周 $360°$ 共需 15 次,故一次绕 z 轴旋转 $24°$,利用数学软件的图形平移和旋转功能,得到第一类环状多面体的模拟三维图如图 23-4 所示。

搭建实物,仔细观察如图 23-2 中环状多面体的结构和对称性,发现它具有正五边形对称性,基本组成单元如图 23-5 所示。

图 23-5 中整个多面体的中心记号为 O(O 是原点,并没有标出来),点 O 指向点 r_1 的方向记为 x 轴方向,点 r_5 指向点 r_2 的方向是 y 轴方向,点 r_5 指向点 r_4 的方向是 z 轴方向。点 r_6 和 r_7 的中点、原点、点 r_{10} 和 r_{11} 的中点组成一个等腰三角形,O 是顶点,由于 5 个单元格组成一周共 $360°$,故该等腰三角形的顶角是

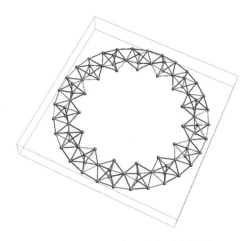

图 23-4　第一类环状多面体模拟

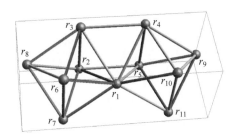

图 23-5　第二类环状多面体的基本组成单元

$360°\div5=72°$。设多面体各边长为 2，由对称性，设各点坐标为

$r_1(a,0,0)$，　$r_2(a+\sqrt{2},1,-1)$，　$r_3(a+\sqrt{2},1,1)$

$r_4(a+\sqrt{2},-1,1)$，　$r_5(a+\sqrt{2},-1,-1)$，　$r_6(b_1,b_1\tan36°,1)$

$r_7(b_1,b_1\tan36°,-1)$，　$r_8(b_2,b_2\tan36°,0)$，　$r_9(b_2,-b_2\tan36°,0)$

$r_{10}(b_1,-b_1\tan36°,1)$，　$r_{11}(b_1,-b_1\tan36°,-1)$

根据点 r_1 到点 r_6，点 r_6 到点 r_8 的距离的平方都是 4，点 r_3 和点 r_7 距离的平方等于 8，得到三个方程：

$$(a-b_1)^2+(b_1\tan36°-0)^2+(1-0)^2=4$$

$$(b_1-a-\sqrt{2})^2+(b_1\tan36°-1)^2+2^2=8$$

$$(b_2-b_1)^2+(b_2\tan36°-b_1\tan36°)^2+1=4$$

利用数学软件，解得

$$a = \frac{1}{3}(\sqrt{2} + \sqrt{25 + 10\sqrt{5}})$$

$$b_1 = \frac{1}{3}\sqrt{25 + 10\sqrt{5}}$$

$$b_2 = \frac{1}{6}\sqrt{\frac{281}{2} + \frac{107\sqrt{5}}{2} + 6\sqrt{750 + 330\sqrt{5}}}$$

由以上数据，利用数学软件绘制的第二类环状多面体的模型如图 23-6 所示。

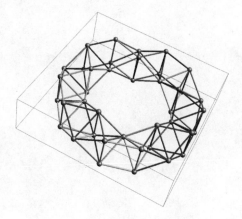

图 23-6　第二类环状多面体模拟

MMA 编制的程序请扫描 I 页二维码下载。

24 超级对偶多面体

一儿童玩具由多个长方形的塑料片组成。塑料片的四个端点有两个搭扣和两个孔,通过组合能互相支撑固定起来,形成一个看起来很像正十二面体的空间框架,如图 24-1 左图所示。

图 24-1　超级十二面体和超级足球烯

这个空间构型是独特的,还是系列中的一种?如果把塑料片理想化为刚性不可弯曲的矩形,把多面体上的每一条棱用矩形替代,就能得到这种空间构型的理想模型——超级多面体。这些超级多面体是对偶的,即一个矩形组元的长和宽是另一个矩形组元的宽和长。图 24-2 中的玩具是超级对偶十二(二十)面体,即正十二(二十)面体属于同一类多面体,分别是矩形组元的长或宽趋向于零的极限构型。其中搭建出来的最容易、最明显、最有趣的是超级对偶十二面体和超级足球烯,如图 24-1 和图 24-2 所示。

阅读以下内容的话,建议读者最好自己搭建一个玩具,方便对照。耐心仔细观测和动手记数,图 24-2 中的超级十二面体由 30 个矩形,12 个正五边形,20 个正三角形,60 个顶点,120 个棱组成。图 24-1 中右边超级足球烯由 90 个矩形,12 个正

图 24-2　超级对偶十二面体

五边形,20 个正六边形,60 个正三角形,180 个顶点,360 条棱组成。那么这些超级正多面体每一顶点的坐标是多少？是否还外接于同一个球？球半径是多少？它们还能保持原来多面体的对称性吗？

正十二(二十)面体

首先看一下正十二面体是怎么构成的。正二十面体有 20 个正三角形,它的 12 个顶点可以看作三个互相垂直的矩形的顶点。设矩形的宽是 $2b$,长是 $2a$,故这 12 个顶点坐标是

$$(\pm a,0,\pm b),\quad (\pm b,\pm a,0),\quad (0,\pm b,\pm a)$$

其中两个代表点 $(a,b,0),(b,0,a)$ 的距离是 $2b$,即

$$(a-b)^2+a^2+b^2=4b^2$$

由此解得

$$a=\frac{1+\sqrt{5}}{2}b$$

取 $b=1$,由数学软件 MMA 就能得到正二十面体的空间构型,如图 24-3 所示。

再来看正十二面体的构成。它可以由两种方法得到。一种方法是取正二十面体所有面的中心,再把这些点连起来,我们称为面对偶的多面体(图 24-4)。

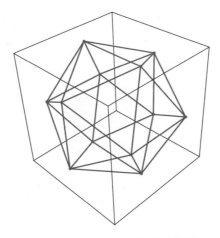

图 24-3　正二十面体的空间构型

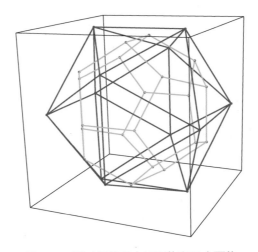

图 24-4　面对偶的正十二面体和二十面体

由图 24-4 可以看出，正十二面体和正二十面体具有相同的对称性，镜面对称性，三重和五重旋转对称性。特别是正十二面体其中一个五重对称轴的方向是

$$\boldsymbol{n}=\left(\frac{1+\sqrt{5}}{2},0,1\right)$$

另一种方法是设棱长 $l=2b$，顶点 A 坐标是 $(a,b,0)$，顶点 B 坐标是 $(0,a,b)$，顶点 C 坐标是 $(b,0,a)$，顶点 D 坐标是 (d,d,d)，如图 24-5 所示。

由棱长相等条件 $DA=DB=DC=2b$，得到

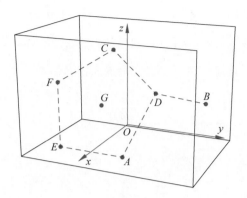

图 24-5 正十二面体的一个组成部分

$$(d-a)^2+(d-b)^2+d^2=4b^2$$

两顶点 A 和 B 间的距离是 $AB=2\sin(3\pi/5)/\sin(\pi/5)b=b(1+\sqrt{5})/2$,即

$$a^2+(a-b)^2+b^2=2(3+\sqrt{5})b^2$$

由以上两式解得

$$a=\frac{3+\sqrt{5}}{2}b,\quad d=\frac{1+\sqrt{5}}{2}b$$

再补全正五边形 $ADCFE$ 其余两点坐标,顶点 F 坐标是 $(d,-d,d)$,顶点 E 坐标是 $(a,-b,0)$,由此得到正五边形 $ADCFE$ 中心 G 的坐标是

$$\boldsymbol{G}=\frac{1}{\sqrt{5}}\left(\sqrt{5}+2,0,\frac{3+\sqrt{5}}{2}\right)$$

由于

$$\frac{2(\sqrt{5}+2)}{3+\sqrt{5}}=\frac{1+\sqrt{5}}{2}$$

由此看出 $\overrightarrow{OG}$ 方向和 $\boldsymbol{n}$ 方向是一样的。

超级十二面体

仔细观测图 24-2 中的超级十二面体模型,我们发现,超级十二面体保持原来正十二面体的对称性,包括镜面反射对称性、反演对称性和旋转对称性,即图 24-5 中绕 OG 方向的五重旋转对称性和绕 OD 方向的三重旋转对称性. 侧重考虑绕

图 24-5 中 OG 方向的旋转对称性。定义绕单位矢量 p 转动 θ 角的三维转动矩阵是 $R(p,\theta)$，这个矩阵在 Mathematica 中是内置函数，可以随时调用。摆弄手中（图 24-2）的超级十二面体，你会发现，这个多面体有五重旋转对称性，它的顶点坐标在 $R(OG,\pm 2\pi/5)$，$R(OG,\pm 4\pi/5)$ 作用下保持不变，或者说，把一点坐标转化到另一点坐标。设矩形组元的长和宽分别为 $2b$ 和 $2c$，超级十二面体上一个矩形上 4 个顶点坐标是

$$(a,b,c),\quad (a,b,-c),\quad (a,-b,c),\quad (a,-b,-c)$$

绕 OG 方向转动 $4\pi/5$ 的三阶矩阵是

$$R(G,\pm 4\pi/5)=\frac{1}{4}\begin{pmatrix} 2 & 1-\sqrt{5} & 1+\sqrt{5} \\ -1+\sqrt{5} & -1-\sqrt{5} & -2 \\ 1+\sqrt{5} & 2 & 1-\sqrt{5} \end{pmatrix}$$

绕 OG 方向转动 $4\pi/5$，矩形组元中第二个点转化为坐标为 (b,c,a) 的点，两个点的坐标必须相等，即

$$R(G,\pm 4\pi/5)(a,b,-c)^{\mathrm{T}}=(b,c,a)^{\mathrm{T}}$$

具体写出来，就是

$$\frac{1}{2}a+\frac{1-\sqrt{5}}{4}b-\frac{1+\sqrt{5}}{4}c=b$$

$$\frac{-1+\sqrt{5}}{4}a-\frac{1+\sqrt{5}}{4}b+\frac{1}{2}c=c$$

$$\frac{1+\sqrt{5}}{4}a+\frac{1}{2}b-\frac{1-\sqrt{5}}{4}c=a$$

由此得到

$$a=\frac{3+\sqrt{5}}{2}b+\frac{1+\sqrt{5}}{2}c$$

由对称性，可得到超级十二面体上所有 60 个顶点的坐标，它们在同一球面上，球半径是 $r=\sqrt{[(3+\sqrt{5})b/2+(1+\sqrt{5})c/2]^2+b^2+c^2}$。当 $c=0$ 时，这个超级十二面体变为正十二面体，当 $b=0$ 时，这个超级十二面体变为正二十面体。

利用二维码中所给的程序,取矩形组元的长和宽分别为 4 和 2,得到对偶超级十二面体如图 24-6 和图 24-7 所示。

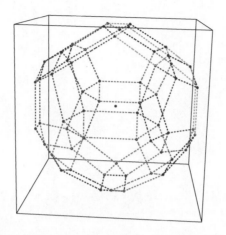

图 24-6　超级十二面体,矩形组元长宽分别为 4 和 2

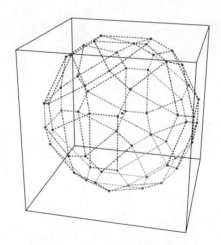

图 24-7　超级十二面体,矩形组元长宽分别为 2 和 4

当矩形组元的长和宽相等时,即组元为正方形,这个特殊的自对偶超级十二面体由 30 个正方形,12 个正五边形和 20 个正三角形组成。这个多面体称为扩展-正十二面体(expanded_dodecahedron 或者 small rhombicosidodecahedron),如图 24-8 所示。

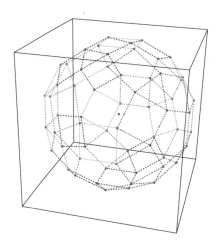

图 24-8　自对偶超级十二面体（扩展正十二面体）

足球烯

足球烯具有 12 个正五边形和 20 个正六边形，它是怎么从正二十面体演变过来的呢？正二十面体的每个棱上取两个三等分点，正三角形上三个边上的 6 个三等分点，连起来成为一个正六边形，一个顶点附近的 5 个三等分点连起来，形成一个正五边形，同时把这个顶点切割掉，如图 24-9 所示。

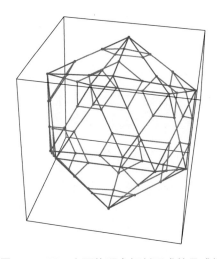

图 24-9　正二十面体顶点切割而成的足球烯

超级足球烯

经过实验和观察,超级足球烯不保持原有足球烯所有对称性,只保持坐标平面反射对称性和绕坐标轴的旋转轮换对称性,以及轴向变化的三重和五重对称性,即不大有可能再从原来的足球烯通过切割、扩展、增添等手段来实现。我们把其中组员一部分抽出来,给各点编号并设定坐标,如图 24-10 所示。

$$\boldsymbol{q}_1 = (a,c,b), \quad \boldsymbol{q}_2 = (a,-c,b), \quad \boldsymbol{q}_6 = (c,-b,a)$$

$$\boldsymbol{q}_7 = (c,b,a), \quad \boldsymbol{q}_9 = (m_1,-b,n_1), \quad \boldsymbol{q}_{10} = (m_2,-b,n_2)$$

$$\boldsymbol{q}_{11} = (m_2,b,n_2), \quad \boldsymbol{q}_{12} = (m_1,b,n_1), \quad \boldsymbol{q}_{13} = (m_3,0,n_3)$$

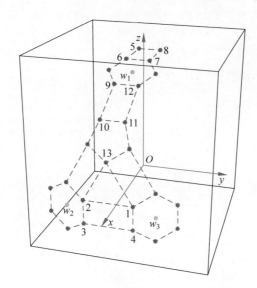

图 24-10 超级足球烯基本组元标记示意图

q_6 和 q_{12} 的中点 w_1 的坐标是

$$\boldsymbol{w}_1 = \frac{1}{2}(\boldsymbol{q}_6 + \boldsymbol{q}_{12}) = \frac{1}{2}(c+m_1,0,a+n_1)$$

由绕坐标轴的旋转轮换对称性,图 24-10 中 w_2 和 w_3 的坐标是

$$\boldsymbol{w}_2 = \frac{1}{2}(a+n_1,-(c+m_1),0)$$

$$w_3 = \frac{1}{2}(a+n_1, c+m_1, 0)$$

矩形的长和宽分别为 $2b$ 和 $2c$ 确定时，还有 a、m_i、n_i 共 7 个未知量，需要 7 个几何约束方程。第 1 个方程是三角形 $q_6 q_9 q_{12}$ 的边长关系 $q_6 q_9 = \sqrt{3} q_6 q_7$，即

$$(m_1-c)^2 + (n_1-a)^2 = 12b^2$$

第 2 个方程是点 q_9 和 q_{10} 的距离是矩形的宽 $2c$，即

$$(m_1-m_2)^2 + (n_1-n_2)^2 = 4c^2$$

第 3 个方程是点 q_1 和 q_{13} 的距离是矩形的宽 $2c$，即

$$(a-m_3)^2 + (b-n_3)^2 + c^2 = 4c^2$$

第 4 个方程基于对称性，q_6 和 q_9 在同一个正六边形上，到原点的距离相等，即

$$m_1^2 + n_1^2 = a^2 + c^2$$

第 5 个方程也基于对称性，q_{10} 和 q_{13} 在同一个正五边形上，到原点的距离相等，即

$$m_3^2 + n_3^2 = b^2 + m_2^2 + n_2^2$$

第 6 个方程是点 q_{10} 和 q_{13} 的距离是矩形的长 $2b$ 的 $\sin(3\pi/5)/\sin(\pi/5) = (1+\sqrt{5})/2$ 倍，即

$$(m_2-m_3)^2 + (n_2-n_2)^2 + b^2 = (1+\sqrt{5})^2 b^2$$

第 7 个方程是 $w_1 w_2 w_3$ 位于正五边形的 3 个顶点上，$w_1 w_2 / w_2 w_3 = (1+\sqrt{5})/2$，即

$$(c+m_1)^2 + (a+n_1)^2 + (c+m_1-a-n_1)^2 = (1+\sqrt{5})^2 (c+m_1)^2$$

联立求解以上式。就能得到 a、m_i、n_i 7 个未知参数的值（一般没有解析公式，只有数值解），进而根据对称性画出超级足球烯。当 $c=0$ 时，这个超级足球烯变为通常的足球烯；当 $b=0$ 时，这个超级足球烯变为 CumulatedDodecahedron，即正十二面体中每个正五边形由五个凸起的正三角形替代，如图 24-11 所示。

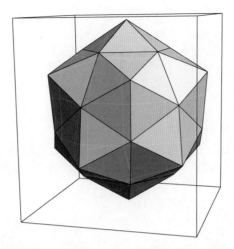

图 24-11 堆积-正十二面体（CumulatedDodecahedron）

利用二维码中给的程序,取矩形组元的长和宽分别为 4 和 2,得到对偶超级足球烯如图 24-12 和图 24-13 所示。

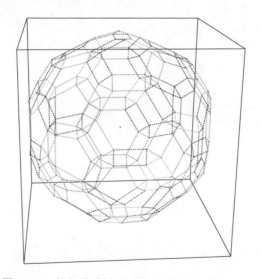

图 24-12 超级足球烯,矩形组元长宽分别为 4 和 2

当矩形组元的长和宽相等时,即组元为正方形,这个特殊的自对偶超级足球烯由 90 个正方形,12 个正五边形,20 个正六边形,60 个正三角形组成,一般称为扩展-切割-正二十面体（expanded-truncated-icosahedron）,如图 24-14 所示。

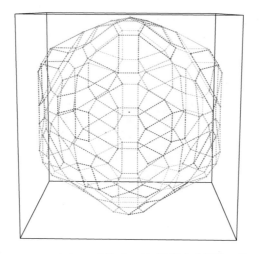

图 24-13 超级足球烯，矩形组元长宽分别为 2 和 4

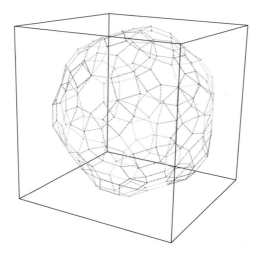

图 24-14 自对偶超级足球烯（扩展-切割-正十二面体），正方形边长为 2

MMA 编制的程序请扫描 I 页二维码下载。

25 充气正多面体

两个一样大小的圆盘状橡皮膜叠放，边缘用胶带纸捏合在一起。然后往里面充气，直到充不进为止。那么，气袋最后的形状是什么？这个问题的数学模型是充气闭合膨胀曲面(inflated surface)。在充气过程中，任意两点的(测地线)距离保持不变，求容积最大时的曲面。这个过程其实不满足物理原理。出乎意料的是，对于上下叠放圆盘的原曲面，最大容积膨胀曲面——马拉气球(Mylar baloon)——并不是球面。

马拉气球的纵截面曲线如图 25-1 所示，横坐标是 x 轴，纵坐标是 z 轴。马拉气球与 x-y 水平面的横截面(赤道面)是一个圆，圆的半径是 r。$z=0$ 平面，从上往下看是一个圆，从侧面看如图 25-1 所示。

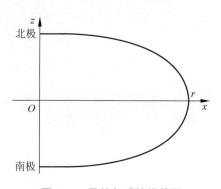

图 25-1 马拉气球的纵截面

假设图 25-1 是任意时刻对应的纵截面曲线，第一象限区间曲线的长度不变，仍旧是原来圆盘半径 a。

$$\int_0^r \sqrt{1+z'(x)^2}\,\mathrm{d}x = a \tag{25-1}$$

体积元是圆柱形壳，高度是 $2z(x)$。在 x-y 平面上的投影是圆环，圆环的宽度是 $\mathrm{d}x$，周长是 $2\pi x$。所以气球的体积是

$$V = \int_0^r 2\pi x \, \mathrm{d}x \cdot 2z(x) \tag{25-2}$$

我们要求体积在周长约束条件(25-1)式下取得极大值。通常做法是约束条件乘以一个拉氏因子(常数)，再加到体积表达式中去。取这个因子为 $4\pi\lambda$，那么拉氏密度是

$$F(x, z, z') = xz(x) + \lambda\sqrt{1 + (z'(x))^2} \tag{25-3}$$

拉氏方程是

$$\lambda \frac{\mathrm{d}}{\mathrm{d}x}\left(\frac{z'(x)}{\sqrt{1 + (z'(x))^2}}\right) = x \tag{25-4}$$

由图 25-1 可以看出边界条件 $z'(0) = 0$，直接积分(25-4)式，得到

$$\frac{z'(x)}{\sqrt{1 + (z'(x))^2}} = \frac{x^2}{2\lambda} \tag{25-5}$$

由图 25-1 可以看出 $z'(x) < 0$，可设 $2\lambda = -m^2$，(25-5)式解出为

$$z'(x) = -\frac{x^2}{\sqrt{m^4 - x^4}} \tag{25-6}$$

由图 25-1 可以看出 $z'(r) = -\infty$，所以(25-6)式可以改写为

$$z'(x) = -\frac{x^2}{\sqrt{r^4 - x^4}} \tag{25-7}$$

由图 25-1 可以看出边界条件 $z(r) = 0$，积分(25-7)式得到

$$z(x) = \int_x^r \frac{t^2}{\sqrt{r^4 - t^4}} \mathrm{d}t \tag{25-8}$$

利用雅可比椭圆函数的性质：

$$\mathrm{sn}^2(u, k) + \mathrm{cn}^2(u, k) = 1$$

$$\mathrm{sn}^2(u, k) + k^2\mathrm{dn}^2(u, k) = 1$$

$$\frac{\mathrm{dcn}(u, k)}{\mathrm{d}u} = -\mathrm{sn}(u, k)\mathrm{dn}(u, k)$$

做变量代换 $f = r\,\mathrm{cn}(u, k)$，共中 $k^2 = \dfrac{1}{2}$，(25-8)式可以化为

$$z(u) = \frac{r}{\sqrt{2}} \int_0^u \mathrm{cn}^2(u,k)\,\mathrm{d}u \qquad\qquad (25\text{-}9)$$

利用积分公式

$$\int_0^u \mathrm{cn}^2(u,k)\,\mathrm{d}u = \frac{E(\mathrm{sn}(u,k),k)}{k^2} - \frac{1-k^2}{k^2} F(\mathrm{sn}(u,k),k)$$

其中 E 和 F 是第一类和第二类椭圆积分。计算得到马拉气球截面曲线的参数表达式

$$x(u) = r\,\mathrm{cn}(u,k) \qquad\qquad (25\text{-}10)$$

$$z(u) = \frac{r}{\sqrt{2}} \left[2E(\mathrm{sn}(u,k),k) - F(\mathrm{sn}(u,k),k) \right] \qquad\qquad (25\text{-}11)$$

马拉气球理论曲面如图 25-2 所示。

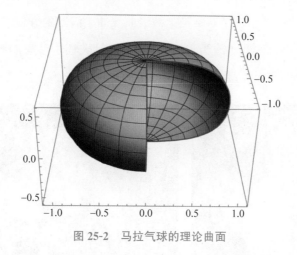

图 25-2　马拉气球的理论曲面

结合(25-1)式和(25-6)式,可以把马拉气球赤道圆半径 r 和原来圆盘半径 a 联系起来:

$$a = \int_0^r \frac{r^2}{\sqrt{r^4-x^4}}\,\mathrm{d}x = r\int_0^1 \frac{1}{\sqrt{1-y^4}}\,\mathrm{d}y = \frac{\sqrt{\pi}}{4} \frac{\Gamma(1/4)}{\Gamma(3/4)} r \approx 1.31103r$$

结合(25-2)式和(25-8)式,马拉气球的体积是

$$V = 4\pi \int_0^r x\,\mathrm{d}x \int_x^r \frac{t^2}{\sqrt{r^4-t^4}}\,\mathrm{d}t$$

这个是二重积分，积分区域是 $0<x<r,x<t<r$。交换积分次序，先对 x 积分，积分区域是 $0<x<t$，得到

$$V = 2\pi \int_0^r \frac{t^4}{\sqrt{r^4-t^4}} \mathrm{d}t = 2\pi r^3 \int_0^1 \frac{y^4}{\sqrt{1-y^4}} \mathrm{d}y = \frac{\pi^{3/2}}{6} \frac{\Gamma(1/4)}{\Gamma(3/4)} r^3$$

马拉气球的表面积是

$$A = 4\pi \int_0^r x \sqrt{1+(z'(x))^2} \,\mathrm{d}x = 4\pi r^2 \int_0^r \frac{x\,\mathrm{d}x}{\sqrt{r^4-x^4}}$$

$$= 4\pi r^2 \int_0^1 \frac{y\,\mathrm{d}y}{\sqrt{1-y^4}} = \pi^2 r^2$$

原始气袋，除了上下叠放的圆盘形，还可以是正多边形，或者是正多面体表面。这些气袋充满气后的曲面，实验上很容易观测到，但是理论上曲面方程很难得到。目前为止只有文献[2]给出了对称面上截线曲线曲率满足的方程。

如果把上下叠合的圆盘改为正多边形盘，这就破坏了原有的圆柱对称性。文献[3]给出了这种充气正方形气袋，如图 25-3 所示。

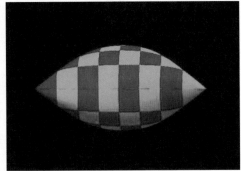

图 25-3　充气正方形气袋

不过本书作者没有找到解析或数值处理方法。文献[3]还给出了充气立方体的图形，如图 25-4 所示。

更有趣的是实际充气的正五边形气袋，如图 25-5 所示。

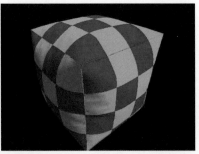

图 25-4　充气立方体袋

图 25-5　充气正五边形气袋

两个拼起来圆盘的最大充气气袋的 MMA 编制程序，请扫描 I 页二维码下载。

参 考 文 献

［1］　PAULSEN W H. What is the shape of a mylar balloon［J］. American Mathematical Monthly，1994，101(10)：953-958.

［2］　MLADENOV I M，OPREA J. The mylar balloon revisited［J］. The American Mathematical Monthly，2003，110(9)：761-784.

［3］　PAK I，SCHLENKER J M. Profiles of inflated surfaces［J］. Journal of Nonlinear Mathematical Physics，2009，17(2)：145-157.

26 正多面体对称性的圆柱相交体

N 个相同的圆柱,沿着多面体的对称轴方向放置,它们的公共部分称为 Steinmetz 体。Steinmetz 体系列中最简单也是最有名的是牟合方盖,即两个圆柱体垂直相交公共部分,中国古代数学家祖暅利用牟合方盖求出了球的体积。以下分析四个圆柱体沿正四面体的对称轴方向,六个圆柱体沿正方体的面对角线方向,六个圆柱体沿正十二面体的面心连线方向,这三种 Steinmetz 体的解析几何描述和体积。

设圆柱的轴线方向上的单位向量是 $\boldsymbol{n}=(n_x,n_y,n_z)$,圆柱面上任意一点坐标是 $\boldsymbol{r}=(x,y,z)$,那么圆柱面的方程是 $|\boldsymbol{n}\times\boldsymbol{r}|=R$,即

$$(n_y z - n_z y)^2 + (n_x z - n_z x)^2 + (n_x y - n_y x)^2 = R^2 \qquad (26\text{-}1)$$

Steinmetz 体可以分解为图 26-1 中的几何体。

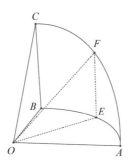

图 26-1　Steinmetz 体的基本组元

其中 O 点 Steinmetz 体的中心,BC 方向是圆柱的母线方向,平面 OAB 垂直于母线,组元的侧表面由线段 BC、$\overset{\frown}{AB}$、$\overset{\frown}{AC}$ 所围成的圆柱侧面组成。设圆柱半径为 R,线段 BC 的长度是 h,$\angle AOB=\phi$,那么平面 AOC 的方程是 $z=hy/\sin\phi$。设 $\angle AOE=\theta$,那么 $EF=hR\sin\theta/\sin\phi$,于是 Steinmetz 体组元圆柱表面上的面积是

$$A = \frac{Rh}{\sin\phi}\int_0^\phi \sin\theta\,\mathrm{d}\theta = Rh\,\frac{1-\cos\phi}{\sin\phi} = Rh\tan\left(\frac{\phi}{2}\right) \qquad (26\text{-}2)$$

Steinmetz 体组元的三个表面是（可展）平面，一个侧表面是圆柱面，求体积时按垂直圆柱半径方向一层层切割。由相似性，距离中心 r 的切割面面积为，$A(r) = Ar^2/R^2$。因为半径方向始终垂直于切割面，所以 Steinmetz 体组元体积为

$$V = \frac{A}{R^2}\int_0^R r^2\,\mathrm{d}r = \frac{AR}{3} \qquad (26\text{-}3)$$

即 Steinmetz 体体积是它侧面积乘以圆柱半径乘积的 $1/3$，类似于棱锥体积与棱柱体积的关系。

四个圆柱

为计算方便，我们取正四面体四个对称轴方向为

$$(\sqrt{2/3}\,,0,\sqrt{1/3})\,,(\sqrt{2/3}\,,0,-\sqrt{1/3})\,,$$

$$(0,\sqrt{2/3}\,,\sqrt{1/3})\,,(0,\sqrt{2/3}\,,-\sqrt{1/3})$$

由(26-1)式，设圆柱半径为 1，得到四个圆柱面方程是

$$\begin{cases} (\sqrt{2/3}\,z \pm \sqrt{1/3}\,y)^2 + x^2 = 1 \\ (\sqrt{2/3}\,z \pm \sqrt{1/3}\,x)^2 + y^2 = 1 \end{cases} \qquad (26\text{-}4)$$

由(26-4)式解得四个圆柱相交于 26 个顶点，坐标为

$$(0,0,\pm\sqrt{3/2})\,,(\pm 1,0,0)\,,(0,\pm 1,0)$$

$$(\pm\sqrt{3/2}\,,0,\pm\sqrt{6}/4)\,,(0,\pm\sqrt{3/2}\,,\pm\sqrt{6}/4)$$

$$(\pm 1/2,\pm 1/2,\pm\sqrt{1/2})\,,(\pm\sqrt{3}/2,\pm\sqrt{3}/2,0)$$

正四面体对称性 Steinmetz 体表面可以分为四部分，分别对应于四个圆柱面，如图 26-2 所示。

它又可以分为六个形状大小一样的"筝"形，"筝"形的一半就是图 26-1 中的组元。由以上顶点坐标计算得到组元中两个距离是 $h_1 = 1/\sqrt{2}$ 和 $h_2 = 1/2\sqrt{2}$，角度是

$\phi = \pi / 6$，所以 Steinmetz 体表面积为

$$A = 4 \times 12 \times \left(\frac{1}{\sqrt{2}} + \frac{1}{2\sqrt{2}} \right) \tan \left(\frac{\pi}{12} \right) = 36\sqrt{2} \left(2 - \sqrt{3} \right) \tag{26-5}$$

把图 26-2 中的四个部分组合起来，就得到正四面体对称性 Steinmetz 体，如图 26-3 所示。

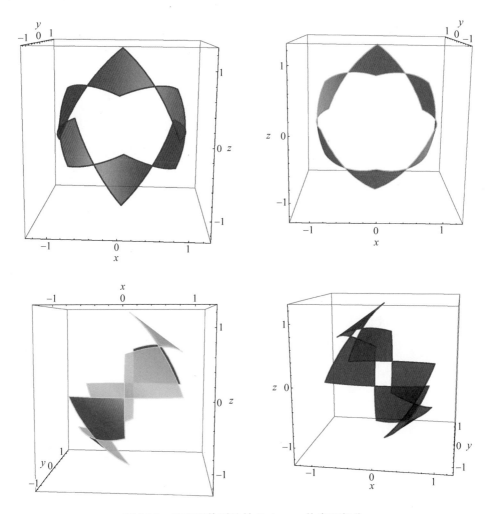

图 26-2　正四面体对称性 Steinmetz 体表面部分

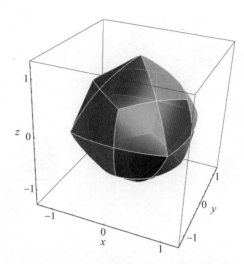

图 26-3 正四面体对称性 Steinmetz 体

六个圆柱(1)

我们取正方体六个面的对角线方向矢量为

$$(\sqrt{1/2},0,\pm\sqrt{1/2}),\quad (0,\sqrt{1/2},\pm\sqrt{1/2}),\quad (\sqrt{1/2},\pm\sqrt{1/2},0)$$

由(26-1)式,设圆柱半径为 1,得到六个圆柱面方程是

$$(z\pm y)^2+2x^2=2,\quad (z\pm x)^2+2y^2=2,\quad (x\pm y)^2+2z^2=2 \quad (26\text{-}6)$$

由(26-6)式解得六个圆柱相交于 38 个顶点,坐标为

$$(\pm 1,0,0),\quad (0,\pm 1,0),\quad (0,0,\pm 1)$$

$$(0,\pm\sqrt{8/9},\pm\sqrt{2/9}),\quad (0,\pm\sqrt{2/9},\pm\sqrt{8/9})$$

$$(\pm\sqrt{8/9},0,\pm\sqrt{2/9}),\quad (\pm\sqrt{2/9},0,\pm\sqrt{8/9})$$

$$(\pm\sqrt{8/9},\pm\sqrt{2/9},0),\quad (\pm\sqrt{2/9},\pm\sqrt{8/9},0)$$

正方体面对角线对称性 Steinmetz 体表面可以分为六部分,分别对应于六个圆柱面,如图 26-4 所示。

图 26-4 中每一部分又可以分为两种"筝"形,数目分别为 4 和 2。"筝"形的一半就是图 26-1 中的组元。由以上顶点坐标,计算得到"筝"形的高度为 $h=1/3$,角度是 $\phi_1=2\arctan(\sqrt{3}-\sqrt{2})$,$\phi_2=2\arctan(3-2\sqrt{2})$,所以 Steinmetz 体表面积为

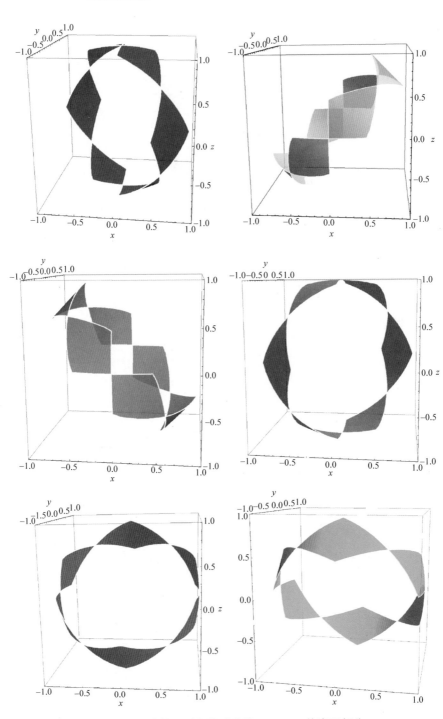

图 26-4　正方体面对角线对称性 Steinmetz 体表面部分

$$A = 6 \times \frac{1}{3} \times \left[16\tan(\phi_1/2) + 8\tan(\phi_2/2) \right]$$

$$= 16(3 + 2\sqrt{3} - 4\sqrt{2}) \tag{26-7}$$

把图 26-4 中的六个部分组合起来，就得到正方体面对角线对称性 Steinmetz 体，如图 26-5 所示。

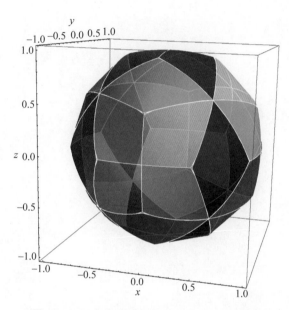

图 26-5　正方体面对角线对称性 Steinmetz 体

六个圆柱（2）

先给出两个参数值

$$p = 2(2 + \sqrt{5})/\sqrt{50 + 22\sqrt{5}}, \quad q = (3 + \sqrt{5})/\sqrt{50 + 22\sqrt{5}}$$

那么正十二面体 6 个对称轴方向的单位矢量是

$$(0, p, \pm q), \quad (q, 0, \pm p), \quad (p, \pm q, 0)$$

由 (26-1) 式，设圆柱半径为 1，得到 6 个圆柱面方程是

$$(qy \pm pz)^2 + x^2 = 1, \quad (px \pm qz)^2 + y^2 = 1, \quad (qx \pm py)^2 + z^2 = 1 \tag{26-8}$$

由(26-8)式解得 6 个圆柱相交于 62 个顶点。定义以下 6 个参数值：

$$a_1 = (3-\sqrt{5})\sqrt{(5+\sqrt{5})/2}/2(\sqrt{5}-1)$$

$$a_2 = \sqrt{(5+\sqrt{5})/8}, \quad a_3 = \sqrt{(5-2\sqrt{5})/4}, \quad a_6 = \sqrt{(10-2\sqrt{5})}/4$$

$$a_4 = (\sqrt{5}+1)/4, \quad a_5 = (\sqrt{5}-1)/4$$

那么各个顶点坐标是

$$(\pm 1, 0, 0), \quad (0, \pm 1, 0), \quad (0, 0, \pm 1), \quad (\pm a_1, \pm a_6, \pm a_1)$$

$$(\pm a_1, 0, \pm a_2), \quad (0, \pm a_2, \pm a_1), \quad (\pm a_2, \pm a_1, 0),$$

$$(\pm a_2, 0, \pm a_3), \quad (0, \pm a_3, \pm a_2), \quad (\pm a_3, \pm a_2, 0),$$

$$(\pm 1/2, \pm a_4, \pm a_5), \quad (\pm a_5, \pm 1/2, \pm a_4), \quad (\pm a_4, \pm a_5, \pm 1/2)$$

正十二面体对称性 Steinmetz 体表面可以分为 6 部分，分别对应于 6 个圆柱面，如图 26-6 所示。

图 26-6 中每一部分又可以分为 10 个"筝"形。"筝"形的一半就是图 26-1 中的组元。由以上顶点坐标，计算得到"筝"形的高度为 $h_3 = 1/2, h_4 = (3-\sqrt{5})/4$，角度是 $\phi = \pi/10$，所以 Steinmetz 体表面积为

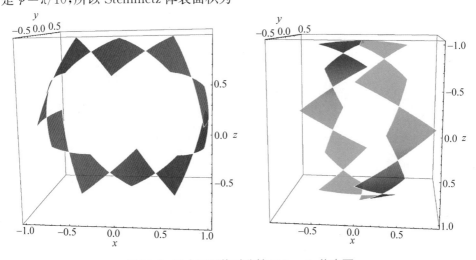

图 26-6　正十二面体对称性 Steinmetz 体表面

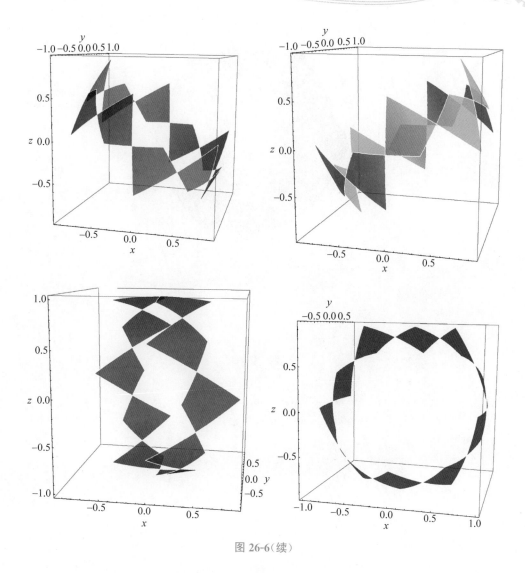

图 26-6（续）

$$A = 6 \times 20 \times (h_3 + h_4)\tan(\pi/20)$$

$$= 30(5-\sqrt{5})\left(1+\sqrt{5}-\sqrt{5+2\sqrt{5}}\right) \tag{26-9}$$

把图 26-6 中的 6 个部分组合起来，就得到正十二面体对称性 Steinmetz 体，如图 26-7 所示。

MMA 编制的程序请扫描 I 页二维码下载。

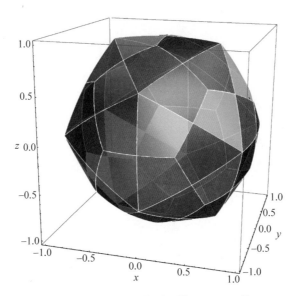

图 26-7　正十二面体对称性 Steinmetz 体

参 考 文 献

［1］　PAUL B. Intersecting cylinders［EB/OL］. http://paulbourke. net/geometry/cylinders/.

［2］　BAUMANN E. Intersections of cylinders［EB/OL］. http://www. baumanneduard. ch/
index. htm.

27　正多面体对称性的肥皂泡

正方体泡泡

做一个立方体框架,浸没在肥皂水中,小心取出来,一般会在立方体中间出现一个小的平面。用吸管把空气吹进这个面内,会出现一个类似正方体的泡泡,如图 27-1 所示。

封闭的正方体泡泡内空气的压强大于外面空气的压强,附加压强是肥皂膜的表面张力引起的,物理上有这样的定律:气泡内外的压强差等于两倍的表面张力系数 γ 乘以曲面的平均曲率:

$$\Delta P = \frac{2\gamma}{R}$$

其中 γ 是肥皂膜的表面张力系数,R 是平均曲率半径。由于泡泡内外压强差是固定的,假设肥皂膜的表面张力系数处处一样,那么这个肥皂泡表面就是常曲率曲面。数学中,最常见的常曲率曲面就是球面,所以图 27-1 中的类正方体泡泡是由 8 个球面部分拼起来的。那么,这些球面的球心和半径如何确定?

图 27-1　正方体对称性的肥皂泡泡

以泡泡的中心为原点，由对称性，考虑以下三个球面在第一(共 8 个)象限的交点：

$$(x+b)^2 + y^2 + z^2 = r^2 \tag{27-1}$$

$$x^2 + (y+b)^2 + z^2 = r^2 \tag{27-2}$$

$$x^2 + y^2 + (z+b)^2 = r^2 \tag{27-3}$$

这三个球面交点的坐标是 (a,a,a)，其中 a 满足方程

$$(a+b)^2 + 2a^2 = r^2$$

以下计算，以 a 为长度单位。考虑 (27-3) 式中的球面最上面一部分，设想从泡泡中心发射出一条条射线，这些射线穿过泡泡上面四个顶点围成的正方形，且与 (27-3) 式中的球面有交点。这些射线的参数表达式为

$$x = k_1 z, \quad y = k_2 z, \quad z = z \tag{27-4}$$

其中参数的范围是

$$-1 < k_1 < 1, \quad -1 < k_2 < 1$$

把 (27-4) 式代入 (27-3) 式，得到

$$k_1^2 z^2 + k_2^2 z^2 + (z+\lambda)^2 = 2 + (\lambda+1)^2$$

其中 $\lambda = b/a$。由此计算得到球面上 z 的参数表达式

$$z(k_1, k_2) = \frac{1}{1+k_1^2+k_2^2}\left(\sqrt{\lambda^2 + (1+k_1^2+k_2^2)(2\lambda+3)} - \lambda\right) \tag{27-5}$$

这些射线还有一种表达式是

$$r\left(\frac{k_1}{\sqrt{1+k_1^2+k_2^2}}, \frac{k_2}{\sqrt{1+k_1^2+k_2^2}}, \frac{1}{\sqrt{1+k_1^2+k_2^2}}\right)$$

由雅可比行列式转化，得到参数空间中的体积元是

$$\mathrm{d}V = \frac{r^2}{(1+k_1^2+k_2^2)^{\frac{3}{2}}} \mathrm{d}r\,\mathrm{d}k_1\,\mathrm{d}k_2$$

参数的积分区间是

$$-1 < k_1 < 1, \quad -1 < k_2 < 1, \quad 0 < r < r(k_1, k_2)$$

其中

$$r(k_1,k_2) = \frac{1}{\sqrt{1+k_1^2+k_2^2}}\left(\sqrt{\lambda^2+(1+k_1^2+k_2^2)(2\lambda+3)}-\lambda\right) \quad (27\text{-}6)$$

先对参数 r 积分，由此得到整个泡泡的体积是

$$V(\lambda) = 2\int_{-1}^{1}\mathrm{d}k_1\int_{-1}^{1}\frac{\left(\sqrt{\lambda^2+(1+k_1^2+k_2^2)(2\lambda+3)}-\lambda\right)^3}{(1+k_1^2+k_2^2)^3}\mathrm{d}k_2 \quad (27\text{-}7)$$

可以验证，当 $\lambda=0$，$V(0)=4\sqrt{3}\,\pi$ 时，正好是正方体外接球的体积。

再计算泡泡的表面，其中一个面的参数方程是

$$\boldsymbol{r}(k_1,k_2) = (k_1 z(k_1,k_2), k_2 z(k_1,k_2), z(k_1,k_2)) \quad (27\text{-}8)$$

这个曲面（球面部分）的面积元是

$$\mathrm{d}A = \left|\frac{\partial\boldsymbol{r}}{\partial k_1}\times\frac{\partial\boldsymbol{r}}{\partial k_2}\right|\mathrm{d}k_1\mathrm{d}k_2$$

计算得到泡泡总面积的 $\dfrac{1}{24}$ 是

$$\left|\frac{\partial\boldsymbol{r}}{\partial k_1}\times\frac{\partial\boldsymbol{r}}{\partial k_2}\right| \quad (27\text{-}9)$$

接下来从物理要求确定参数 a、b、r 之间的比值关系。考虑(27-1)式、(27-3)式球面和平面 $x=z$ 的交线。在各自曲面上垂直于交线切线方向的矢量，相互夹角都为 $120°$。这样交线微元上受到的表面张力平衡。三个曲面交线的方程是

$$(x+b)^2+y^2+z^2=r^2, \quad x=z$$

以下设 $b=1$，交线的参数方程是

$$x=\frac{l\cos\theta}{\sqrt{2}}-\frac{1}{2}, \quad y=l\sin\theta, \quad z=\frac{l\cos\theta}{\sqrt{2}}-\frac{1}{2}$$

其中 $l=\sqrt{r^2-1/2}$。曲线的切线方向是

$$\boldsymbol{\tau} = \left(-\frac{\sin\theta}{\sqrt{2}},\cos\theta,-\frac{\sin\theta}{\sqrt{2}}\right)$$

在 $x=z$ 平面上与切线方向垂直的矢量方向是

$$\boldsymbol{m} = \left(\frac{\cos\theta}{\sqrt{2}},\sin\theta,\frac{\cos\theta}{\sqrt{2}}\right)$$

两个球面上有天然的法线方向,即各自球心指向此点的矢量:

$$n_1 = \left(\frac{l\cos\theta}{\sqrt{2}} + \frac{1}{2}, l\sin\theta, \frac{l\cos\theta}{\sqrt{2}} - \frac{1}{2} \right)$$

$$n_3 = \left(\frac{l\cos\theta}{\sqrt{2}} - \frac{1}{2}, l\sin\theta, \frac{l\cos\theta}{\sqrt{2}} + \frac{1}{2} \right)$$

所以在各自球面上垂直切向的方向是

$$l_1 = \tau \times n_1 = -\left(\frac{1}{2}(\cos\theta - \sqrt{2}l), \frac{\sin\theta}{\sqrt{2}}, \frac{1}{2}(\cos\theta + \sqrt{2}l) \right)$$

$$l_3 = n_3 \times \tau = -\left(\frac{1}{2}(\cos\theta + \sqrt{2}l), \frac{\sin\theta}{\sqrt{2}}, \frac{1}{2}(\cos\theta - \sqrt{2}l) \right)$$

计算得到三个矢量 m、l_1、l_3 之间相互夹角的余弦是

$$\cos(\theta(l_1, m)) = \cos(\theta(l_3, m)) = -\frac{1}{\sqrt{1+2l^2}} \quad \cos(\theta(l_1, l_3)) = \frac{1-2l^2}{1+2l^2}$$

如果要求这三个夹角始终相等,且等于120°。那么自洽条件是 $l^2 = 3/2$, $r^2 = 2$。

由此计算得到各个参数大小之比为

$$a = \frac{1}{3}, \quad c = \frac{\sqrt{3}-1}{2}, \quad b = 1, \quad r = \sqrt{2}$$

其中 c 是交线上 x 坐标的最大值。另一个简单的方法是,依据几何知识,球半径等于球心距离,即

$$r = \sqrt{b^2 + b^2} = \sqrt{2}b$$

这样得到物理上 $\lambda = b/a = 3$。当 $\lambda = 3.0$,数值计算得到 $V(3)/8 = 1.50853564$。直接数值积分计算泡泡的 1/8 体积,得到的结果是 $V(3)/8 = 1.50853563$,小数点后面 7 位都相等,说明泡泡的体积的两重积分表达式((27-7)式)是对的。数值积分(27-8)式,得到泡泡总表面积的 1/24 是 $A/24 = 1.155494$。

利用数学软件,把(27-8)式所表示的曲面画出来,再利用正方体的对称操作,把其余的 5 个曲面画出来,这样拼起来的总曲面如图 27-2 所示。

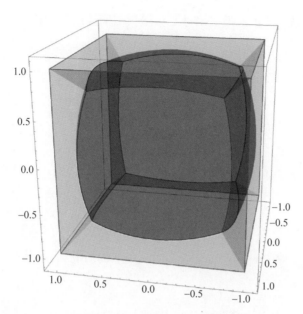

图 27-2　正方体泡泡的数学模拟

正四面体泡泡

除了正方体泡泡，还有正四面体泡泡，实验图像如图 27-3 所示。

图 27-3　正四面体对称性的肥皂泡泡

从数学模型看,这个泡泡是由球心位于正四面体四个对称轴上的、半径相同的四个球面交合而成的空间曲面。我们把这个四面体框架镶嵌到一个正方体内。设其中两个球面方程是

$$(x+b)^2+(y+b)^2+(z-b)^2=r^2 \tag{27-10}$$

$$(x-b)^2+(y-b)^2+(z-b)^2=r^2 \tag{27-11}$$

由球半径等于球心距离这个物理条件,得到 $r=2\sqrt{2}\,b$。选正方体上组成一个等边三角形的三个顶点

$$q_1=(1,1,1),\quad q_2=(1,-1,-1),\quad q_3=(-1,1,-1)$$

那么从原点(正方体中心)出发,通过这个三角形的所有射线,也通过(27-9)式中的球面。

三角形上的任意一点坐标的参数表示是

$$\boldsymbol{q}(k_1,k_2)=\boldsymbol{q}_1+k_1(\boldsymbol{q}_2-\boldsymbol{q}_1)+k_2(\boldsymbol{q}_3-\boldsymbol{q}_1)$$

其中参数的取值范围是

$$0<k_1<1,\quad 0<k_2<1,\quad 0<k_1+k_2<1$$

计算得到

$$\boldsymbol{q}(k_1,k_2)=(1-2k_1,1-2k_2,1-2k_1-2k_2)$$

所以球面部分的表达式是

$$\boldsymbol{r}(k_1,k_2)=h(k_1,k_2)(1-2k_1,1-2k_2,1-2k_1-2k_2) \tag{27-12}$$

代入球面方程(27-9)式,得到标度函数 $h(k_1,k_2)$ 的表达式

$$h(k_1,k_2)=\frac{2\sqrt{2}\,\sqrt{5(k_1^2+k_2^2+k_1k_2-k_1-k_2)+2}-1}{8(k_1^2+k_2^2+k_1k_2-k_1-k_2)+3} \tag{27-13}$$

这个球面部分对原点张开部分的坐标参数表示是

$$\boldsymbol{r}(s,k_1,k_2)=s(1-2k_1,1-2k_2,1-2k_1-2k_2)$$

其中参数 s 的取值范围是

$$0<s<h(k_1,k_2)$$

由体积元转换的雅可比行列式,得到

$$dV = 4s^2\,ds\,dk_1\,dk_2$$

积分得到总体积

$$V = \frac{16}{3}\int_0^1 dk_1 \int_0^1 h(k_1,k_2)^3\,dk_2 \qquad (27\text{-}14)$$

数值积分计算(27-31)式的结果是 $V=9.5523391$。直接利用定义计算这个泡泡体积的结果是 $V=9.5523389$。这两个结果小数点后面 5 位都一样,说明体积公式(27-14)式是正确的。利用(27-12)式,可以计算泡泡的表面积,其结果是

$$A = 4\int_0^1 dk_1 \int_0^1 \left|\frac{\partial \boldsymbol{r}}{\partial k_1} \times \frac{\partial \boldsymbol{r}}{\partial k_2}\right| dk_2 = 23.8038$$

利用数学软件,把(27-12)式所表示的曲面画出来,再利用正四面体的对称操作,把其余的 3 个曲面画出来,这样拼起来的总曲面如图 27-4 所示。

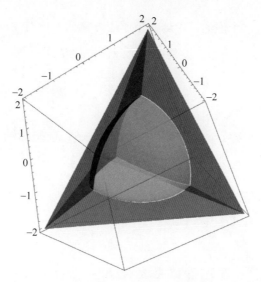

图 27-4　正四面体泡泡的数学模拟

正八面体泡泡

除了正四面体泡泡,还有正八面体泡泡,实验图像如图 27-5 所示。

图 27-5　正八面体对称性的肥皂泡泡

从数学模型看，这个泡泡是由球心位于正方体四个体对角线上，半径相同的八个球面交合而成的空间曲面。设其中两个球面方程是

$$(x+b)^2 + (y+b)^2 + (z+b)^2 = r^2 \tag{27-15}$$

$$(x+b)^2 + (y-b)^2 + (z+b)^2 = r^2 \tag{27-16}$$

由球半径等于球心距离这个物理条件，得到 $r=2b$。选坐标轴上组成一个等边三角形的三个顶点

$$\boldsymbol{q}_1 = (0,0,1), \quad \boldsymbol{q}_2 = (1,0,0), \quad \boldsymbol{q}_3 = (0,1,0)$$

那么从原点（正方体中心）出发，通过这个三角形的所有射线，也通过（27-15）式中的球面。

三角形上的任意一点坐标的参数表示是

$$\boldsymbol{q}(k_1, k_2) = \boldsymbol{q}_1 + k_1(\boldsymbol{q}_2 - \boldsymbol{q}_1) + k_2(\boldsymbol{q}_3 - \boldsymbol{q}_1)$$

其中参数的取值范围是

$$0 < k_1 < 1, \quad 0 < k_2 < 1, \quad 0 < k_1 + k_2 < 1$$

计算得到

$$\boldsymbol{q}(k_1,k_2)=(k_1,k_2,1-k_1-k_2)$$

所以球面部分的表达式是

$$\boldsymbol{r}(k_1,k_2)=h(k_1,k_2)(k_1,k_2,1-k_1-k_2) \tag{27-17}$$

代入球面方程(27-15)式,得到标度函数 $h(k_1,k_2)$ 的表达式

$$h(k_1,k_2)=\frac{\sqrt{2}\sqrt{(k_1^2+k_2^2+k_1k_2-k_1-k_2)+1}-1}{2(k_1^2+k_2^2+k_1k_2-k_1-k_2)+1} \tag{27-18}$$

这个球面部分对原点张开部分的坐标参数表示是

$$\boldsymbol{r}(s,k_1,k_2)=s(k_1,k_2,1-k_1-k_2)$$

其中参数 s 的取值范围是

$$0<s<h(k_1,k_2)$$

由体积元转换的雅可比行列式,得到

$$\mathrm{d}V=s^2\mathrm{d}s\,\mathrm{d}k_1\,\mathrm{d}k_2$$

积分得到总体积

$$V=\frac{8}{3}\int_0^1\mathrm{d}k_1\int_0^1 h(k_1,k_2)^3\mathrm{d}k_2 \tag{27-19}$$

数值积分计算(27-19)式的结果是

$$V=0.1216439165$$

直接利用定义计算这个泡泡体积的结果是

$$V=0.1216439163$$

这两个结果小数点后面 9 位都一样,说明体积公式(27-19)式是正确的。利用(27-17)式,可以计算泡泡的表面积,其结果是

$$A=8\int_0^1\mathrm{d}k_1\int_0^1\left|\frac{\partial\boldsymbol{r}}{\partial k_1}\times\frac{\partial\boldsymbol{r}}{\partial k_2}\right|\mathrm{d}k_2=1.32896750$$

利用数学软件,把(27-17)式所表示的曲面画出来,再利用正八面体的对称操作,把其余的 7 个曲面画出来,这样拼起来的总曲面如图 27-6 所示。

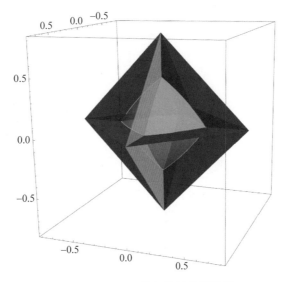

图 27-6　正八面体泡泡的数学模拟

正十二面体泡泡

除了正八面体泡泡，还有正十二面体泡泡，实验图像如图 27-7 所示。

图 27-7　正十二面体对称性的肥皂泡泡

从数学模型看，这个泡泡是球心位于正十二面体六个面心连线上，半径相同的十二个球面交合而成的空间曲面。设其中两个球面方程是

$$(x+b)^2+(y+\omega b)^2+z^2=r^2 \qquad (27\text{-}20)$$

$$(x-b)^2+(y+\omega b)^2+z^2=r^2 \qquad (27\text{-}21)$$

其中 $\omega=(1+\sqrt{5})/2$。由球半径等于球面一点到球心距离这个条件,得到 $r=2b$。取正五边形中心坐标为

$$\boldsymbol{q}_1=\left(\frac{5+2\sqrt{5}}{15},\frac{1}{2}+\frac{7}{6\sqrt{5}},0\right)$$

两个顶点坐标为

$$\boldsymbol{q}_2=\left(\frac{3+\sqrt{5}}{6},\frac{3+\sqrt{5}}{6},\frac{3+\sqrt{5}}{6}\right)$$

$$\boldsymbol{q}_3=\left(\frac{2+\sqrt{5}}{3},\frac{1+\sqrt{5}}{6},0\right)$$

那么从原点(正方体中心)出发,通过这个三角形的所有射线,也通过(27-20)式中的球面。

三角形上的任意一点坐标的参数表示是

$$\boldsymbol{q}(k_1,k_2)=\boldsymbol{q}_1+k_1(\boldsymbol{q}_2-\boldsymbol{q}_1)+k_2(\boldsymbol{q}_3-\boldsymbol{q}_1)$$

计算得到

$$\boldsymbol{q}(k_1,k_2)=\left|\begin{array}{l}\dfrac{1}{30}\left\{(5+\sqrt{5})k_1+2\left[5+2\sqrt{5}+(5+3\sqrt{5})k_2\right]\right\},\\[3mm]\dfrac{1}{30}\left[15+7\sqrt{5}-2\sqrt{5}k_1-2(5+\sqrt{5})k_2\right],\dfrac{1}{6}(3+\sqrt{5})k_1\end{array}\right|$$

$$(27\text{-}22)$$

那么球面上的参数方程是

$$\boldsymbol{r}(k_1,k_2)=h(k_1,k_2)\boldsymbol{q}(k_1,k_2) \qquad (27\text{-}23)$$

把(27-23)式代入(27-20)式中,计算得到标度函数 $h(k_1,k_2)$ 的表达式为

$$h(k_1,k_2)=3\frac{2\sqrt{(50-22\sqrt{5})(k_1^2+k_2^2)-(80-36\sqrt{5})k_1k_2+10+2\sqrt{5}}-5-\sqrt{5}}{8(k_1^2+k_2^2)-4\sqrt{5}k_1k_2+3\sqrt{5}+7}$$

这个球面部分对原点张开部分的坐标参数表示是

$$\boldsymbol{r}(s,k_1,k_2)=s\boldsymbol{q}(k_1,k_2)$$

其中参数 s 的取值范围是

$$0 < s < h(k_1, k_2)$$

由体积元转换的雅可比行列式,得到

$$dV = \frac{65 + 29\sqrt{5}}{135} s^2 \, ds \, dk_1 \, dk_2$$

积分得到总体积

$$V = 12 \times 5 \times \frac{65 + 29\sqrt{5}}{135} \times \frac{1}{3} \int_0^1 dk_1 \int_0^1 h(k_1, k_2)^3 \, dk_2 \qquad (27\text{-}24)$$

数值积分计算(27-24)式的结果是

$$V = 0.005122$$

直接利用定义计算这个泡泡体积的结果是

$$V = 0.005023$$

相对误差小于 2%,说明泡泡的体积公式(27-24)是正确的。

利用数学软件,把(27-23)式所表示的曲面画出来,再利用正十二面体的对称操作,把其余的曲面画出来,这样拼起来的总曲面如图 27-8 所示。

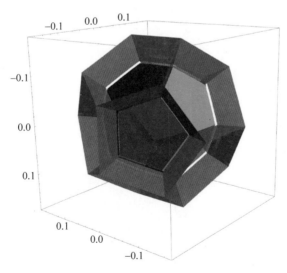

图 27-8 正十二面体泡泡的数学模拟

如果多个泡泡之间没有这些正多面体对称性,是随机的,那么泡泡重叠之后组成的结构就与水立方的外立面类似。

MMA 编制的程序请扫描 I 页二维码下载。

参 考 文 献

[1] CYRIL I. The science of soap films and soap bubbles[M]. New York：Dover Publication，1992.

28　正四面体对称性的粽子

　　粽子的形状不一，有长条形的，有圆锥形的，也有四角形的。微博博主"牧云一叶"首先对正四面体形的粽子提出问题，想知道具体是什么形状，如图 28-1 所示。

图 28-1　正四面体形的粽子

　　从数学模型角度看，粽子的形状是四个圆锥体组合而成的 Steinmetz 体。四个大小形状一样的圆锥体，顶点落在正四面体的四个顶点上。把这个正四面体嵌合在一个正方体中，即正四面体两个顶点是正方体上面一个正方形的对角顶点，其余两个顶点是下面正方形的另两个对角顶点。这样，圆锥体的三个典型母线就是同一顶点上三个侧面正方形的对角线。

　　取正方体的中心为原点，四面体四个顶点的坐标分别为

$$\boldsymbol{r}_1=(1,1,1),\quad \boldsymbol{r}_2=(-1,-1,1),\quad \boldsymbol{r}_3=(-1,1,-1),\quad \boldsymbol{r}_4=(1,-1,-1)$$

选第一个顶点为圆锥体的顶点，对称轴的方向是

$$\boldsymbol{n}=-\left(\frac{1}{\sqrt{3}},\frac{1}{\sqrt{3}},\frac{1}{\sqrt{3}}\right)$$

其中一个母线的方向是

$$l = -\left(0, \frac{1}{\sqrt{2}}, \frac{1}{\sqrt{2}}\right)$$

所以圆锥轴线与母线夹角的余弦是

$$\cos\theta = \boldsymbol{n} \cdot \boldsymbol{l} = \sqrt{\frac{2}{3}}$$

设圆锥面上任意一点的矢量是 $\boldsymbol{r} = (x, y, z)$，那么有

$$(\boldsymbol{r} - \boldsymbol{r}_1) \cdot \boldsymbol{n} = \cos\theta |\boldsymbol{r} - \boldsymbol{r}_1|$$

上面等式两边平方，计算得到第一个锥面的隐函数方程形式：

$$0 = F_1(x, y, z) \equiv (x-1)^2 + (y-1)^2 + (z-1)^2 -$$
$$2(x-1)(y-1) - 2(x-1)(z-1) - 2(y-1)(z-1)$$

其余三个圆锥面方程，可以通过正面体的对称性操作得到，譬如说绕三个坐标轴旋转 $180°$。这样得到的圆锥面隐函数方程是

$$F_2(x, y, z) \equiv (-x-1)^2 + (-y-1)^2 + (z-1)^2 - 2(-x-1)(-y-1) -$$
$$2(-x-1)(z-1) - 2(-y-1)(z-1)$$

$$F_3(x, y, z) \equiv (-x-1)^2 + (y-1)^2 + (-z-1)^2 - 2(-x-1)(y-1) -$$
$$2(-x-1)(-z-1) - 2(y-1)(-z-1)$$

$$F_4(x, y, z) \equiv (x-1)^2 + (-y-1)^2 + (-z-1)^2 - 2(x-1)(-y-1) -$$
$$2(x-1)(-z-1) - 2(-y-1)(-z-1)$$

我们可以先在数学软件中画出四个锥面，反复转动观看这四个圆锥面是如何会聚交合的，相交曲线（段）有什么特征。譬如第一个和第二个锥面的相交曲线满足以下方程：

$$F_1(x, y, z) = 0, \quad F_2(x, y, z) = 0$$

由此计算得到这个相交曲线（段）的参数方程

$$\boldsymbol{r}(x) = (x, -x, -1 + 2\sqrt{1-x^2}), \quad -\frac{3}{5} < x < \frac{3}{5}$$

或者用角度参数表示为

$$\boldsymbol{r}(\theta) = (\sin\theta, -\sin\theta, -1 + 2\cos\theta), \quad -\theta_0 < \theta < \theta_0$$

其中 $\theta_0 = \arcsin(3/5)$。粽子的形状如图 28-2 所示。

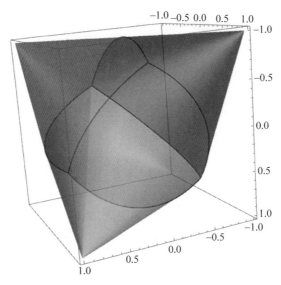

图 28-2　数学上粽子的模型曲面图

这个圆锥体部分$\left(\text{整个粽子的} \dfrac{1}{12}\right)$的底面，是由原点指向曲线段的射线组合而

成，即底面的参数方程是

$$\boldsymbol{r}(t,\theta) = t\boldsymbol{r}(\theta) = t(\sin\theta, -\sin\theta, -1 + 2\cos\theta), \quad 0 < t < 1$$

这个圆锥体部分是由顶点 $\boldsymbol{r}_1$ 指向底面的射线组合而成，即圆锥体部分的参数方程是

$$\boldsymbol{r}(s,t,\theta) = \boldsymbol{r}_1 + s(\boldsymbol{r}(t,\theta) - \boldsymbol{r}_1), \quad 0 < s < 1$$

体积元的雅可比矩阵的行列式（绝对值）是

$$J = \left| \det\left[\frac{\partial \boldsymbol{r}}{\partial s}, \frac{\partial \boldsymbol{r}}{\partial t}, \frac{\partial \boldsymbol{r}}{\partial \theta} \right] \right| = 2s^2 t(2 - \cos\theta)$$

这个圆锥体部分的体积是

$$V = 2\int_0^1 s^2\,\mathrm{d}s \int_0^1 t\,\mathrm{d}t \int_{-\theta_0}^{\theta_0} (2 - \cos\theta)\,\mathrm{d}\theta = \frac{2}{3}(2\theta_0 - \sin\theta_0)$$

整个粽子的体积是

$$V_{\text{total}} = 12V = 8(2\theta_0 - \sin\theta_0) = 5.49601774$$

这个体积也可以数值积分计算，在 MMA 中，代码是

```
NIntegrate[Boole[F1[x, y, z]< 0]   Boole[F2[x, y, z]< 0]   Boole[F3[x, y, z]< 0]
Boole[F4[x, y, z]< 0],{x, −1,1},{y, −1,1},{z, −1,1}]
```

其结果是

$$V_{\text{total}} = 5.49601776$$

粽子体积解析值和数值计算值在小数点后面 7 位都相同，说明结果是一样的。

圆锥体部分的侧面参数方程是

$$\boldsymbol{r}(s,\theta) = \boldsymbol{r}_1 + s(\boldsymbol{r}(\theta) - \boldsymbol{r}_1)$$

其面元是

$$\mathrm{d}\boldsymbol{A} = \left| \frac{\partial \boldsymbol{r}}{\partial s} \times \frac{\partial \boldsymbol{r}}{\partial \theta} \right| \mathrm{d}s\,\mathrm{d}\theta = 2s(2 - \cos\theta)$$

所以这部分的侧面面积是

$$A = 2\int_0^1 s\,\mathrm{d}s \int_{-\theta_0}^{\theta_0} (2 - \cos\theta)\,\mathrm{d}\theta = 2(2\theta_0 - \sin\theta_0)$$

所以粽子的表面积是

$$A_{\text{total}} = 12A = 24(2\theta_0 - \sin\theta_0)$$

MMA 编制的程序请扫描 I 页二维码下载。

29　正方体挖出圆柱体后的镂空体

正方体内挖出三个垂直相交相同半径的圆柱体，一般称为 Holey Cube，如图 29-1 所示。

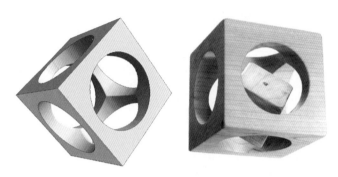

图 29-1　挖掉三个圆柱体后的镂空正方体

设正方体的长度是 $2a$，圆柱体的半径是 b，满足 $a>b$。由对称性，我们只考虑第五象限部分 B，这部分占整个物体的 $\frac{1}{8}$。这部分 B 又可以分成一个小正方体和三个相同部分 B_1、B_2、B_3 的组合，图 29-2 所示。

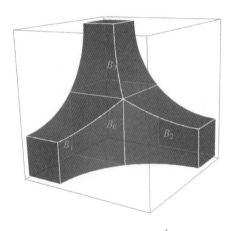

图 29-2　镂空正方体的 $\frac{1}{8}$ 部分

小正方体的边长为 $a-b$。先考虑 B_1，区域范围为

$$0 < x < \frac{b}{\sqrt{2}}, \quad \sqrt{b^2 - x^2} < y < a, \quad -a < z < -\sqrt{b^2 - x^2}$$

B_1 部分的体积是

$$V_{B_1} = \int_0^{b/\sqrt{2}} \left(a - \sqrt{b^2 - x^2} \right)^2 \mathrm{d}x$$

B_1 部分对 z 轴的转动惯量是

$$I_{z,B_1} = \frac{\rho}{3} \int_0^{b/\sqrt{2}} \left(a^2 + b^2 + 2x^2 + a\sqrt{b^2 - x^2} \right) \left(a - \sqrt{b^2 - x^2} \right)^2 \mathrm{d}x$$

其中 ρ 是镂空正方体(材料)的密度。B_2 区域范围为

$$0 < y < \frac{b}{\sqrt{2}}, \quad \sqrt{b^2 - y^2} < x < a, \quad -a < z < -\sqrt{b^2 - y^2}$$

由对称性可知，B_1 和 B_2 部分的体积，对 z 轴的转动惯量一样。B_3 区域范围为

$$-\frac{b}{\sqrt{2}} < z < 0, \quad \sqrt{b^2 - z^2} < x < a, \quad \sqrt{b^2 - z^2} < y < a$$

由对称性可知，B_3 部分和 B_1、B_2 部分的体积一样，对 z 轴的转动惯量为

$$I_{z,B_3} = \frac{2\rho}{3} \int_0^{b/\sqrt{2}} \left(a^3 - \sqrt[3]{b^2 - z^2} \right) \left(a - \sqrt{b^2 - z^2} \right) \mathrm{d}z$$

设 $k = a/b > 1$，计算得到镂空物体的体积是

$$V = b^3 \left(10\sqrt{2} - 8 - 6(\pi - 2)k - 12(2 - \sqrt{2})k^2 + 8k^3 \right)$$

镂空物体的转动惯量是

$$I = \frac{2}{45} \rho b^5 \big[107\sqrt{2} - 75 - 45(\pi - 3)k - 30(7 - \sqrt{2})k^2 +$$

$$30(5 - \pi)k^3 - 15(13 - 8\sqrt{2})k^4 + 75k^5 \big]$$

把图 29-2 中的部分拼起来，就得到与图 29-1 一样的正方体镂空体，如图 29-3 所示。

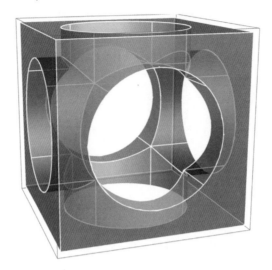

图 29-3 数学软件模拟的正方体镂空体

正方体镂空体内部的 8 个顶点，可以组成一个小的正方体，这个小的正方体可以继续镂空，这样可以迭代下去。

有人做出来 4 重迭代镂空金属正方体，如图 29-4 所示。

图 29-4 4 重迭代镂空金属正方体

用 MMA 绘制的二重迭代的正方体镂空体如图 29-5 所示。

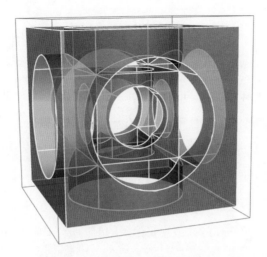

图 29-5　二重迭代的正方体镂空体

MMA 编制的程序请扫描Ⅰ页二维码下载。

参 考 文 献

［1］　郑涛. The Holey Cube[EB/OL]. https：//www. bilibili. com/read/cv12291870.

［2］　PETER M. Holey cube[EB/OL]. https：//grabcad. com/library/holey-cube＃！

30　流水中侵蚀的黏土团

一个圆柱形的黏土团，侧面正对着水流，固定在稳定流速的流水中，圆柱侧面如何被水流侵蚀，侧面形状随时间怎样演化？这是一个移动边界问题，边界限制的水中流速分布是一个问题，黏土团表面演化是另一个问题。这两个问题通过表面附近薄薄的一层流体联系起来。

物理探究首先做实验。为简单起见，实验中用的是直径为 6.9cm 的圆柱泥土（clay），水流速度约为 50cm/s。最终腐蚀掉的时间是 140min，间隔 8min 柱截面形状如图 30-1 所示。

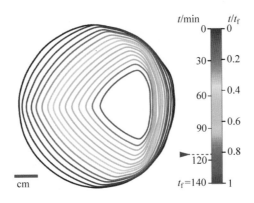

图 30-1　圆柱泥土在水流中腐蚀截面的演化图

文献[2]从实验现象和数据中做了假设：水流是二维的，泥土表面的腐蚀率正比于表面流体的截切张量的模（absolute fluid shear stress）。腐蚀速率相对流体速率很小，假设水流是恒定的。这样，水的流速（分布）满足纳维-斯托克斯方程。

文献[2]再假设水流分为内外两层，外层是无旋无黏的，流速可以表示为势的梯度。内层是很薄的包围柱体表面的一层，这一层流的厚度 δ 与圆柱截面的特征宽度 $a(t)$ 的开根号即 $\sqrt{a(t)}$ 成正比。柱表面水流的截切张量正比于黏土表面内层水流速对垂直方向长度的导数，比例系数是水的黏度和密度的乘积。

黏土截面形状演化分为三步计算：第一步，由现在的截面形状，计算出稳定水流分布；第二步，计算出柱体表面的截切张量；第三步，由腐蚀定律，计算腐蚀后的截面形状。具体计算需要很高级的专业程序，请参考文献[2]。

考虑长时间后黏土团截面的轮廓线。处理有边界两维流速分布的通常方法是复变函数中的共形变换，其原理是无旋无黏的复变形式的流速 $u-\mathrm{i}v$ 有以下表达式：

$$u-\mathrm{i}v=U_0\exp(\varPsi)\exp(-\mathrm{i}\varPhi)$$

其中 $U_0\exp(\varPsi)$ 表示流速的大小，$\exp(-\mathrm{i}\varPhi)$ 表示流速的方向。在黏土柱表面，流速有以下表达式：

$$U(s)=U_0(s/s_0)^{1/3}$$

对比以上两式，得到

$$\varPsi(s)=\frac{1}{3}\ln(s/s_0)$$

黏土柱区域的第一个共形变换到 ζ 复平面的上半圆，第二个共形变换到 $\xi=x+\mathrm{i}y$ 上半复平面。原来正对流水的边界变换到实轴上 $-1\sim+1$ 的线段，同时速度大小函数 $\varPsi$ 有以下表达式

$$\varPsi(x)=\frac{1}{2}\ln|x|,\quad -1<x<1$$

速度大小函数 $\varPsi$ 和方向函数 $\varPhi$ 是互为共轭的函数，它们之间的变换称为黎曼-希尔伯特（Riemann-Hilbert）变换：

$$\varPhi(x)=\frac{1}{\pi}\int_{-\infty}^{+\infty}\frac{\psi(t)}{t-x}\mathrm{d}t=\frac{1}{2\pi}\int_{-1}^{1}\frac{\ln|t|}{t-x}\mathrm{d}t$$

其中积分值取柯西主值。计算得到

$$\varPhi(x)=\frac{1}{\pi}\left(\frac{\pi^2}{4}\mathrm{sgn}(x)-\mathrm{Li}_2(x)\right),\quad -1<x<1$$

其中

$$\mathrm{Li}_2(x)=\sum_{k=0}^{\infty}\frac{x^{2k+1}}{(2k+1)^2},\quad -1<x<1$$

返回到第一个区域，得到

$$\Phi(s) = \frac{\mathrm{sgn}(s)}{\pi} \left[\frac{\pi^2}{4} - \mathrm{Li}_2 \left(|s/s_0|^{2/3} \right) \right], \quad -s_0 < s < s_0$$

由曲线微分几何基本关系式：

$$\frac{\mathrm{d}x}{\mathrm{d}s} = \cos\Phi, \qquad \frac{\mathrm{d}y}{\mathrm{d}s} = \sin\Phi$$

数值积分以上表达式,就能得到理论上长时间后黏土团的表面截曲线。表面截曲线理论和实验对比如图 30-2 所示。

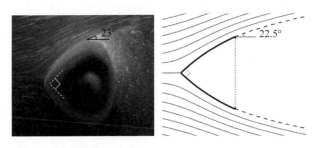

图 30-2　圆柱黏土水流腐蚀长时间后截面曲线实验和理论对比

由图 30-2 可以看出,圆柱土水流腐蚀长时间后,正对着水流方向会形成尖点,尖点的夹角是直角。在这个尖点上,水流速度为零。流线在表面某一点脱离,之后形成自由流线,脱离角理论是 22.5°,与实验中脱离角 23°相差不大。两个水流自由线中间部分,水流不再流动,形成一个静止区(wake),这也可以从图 30-2 实验图看出。

本章节的计算程序无法给出,期望有兴趣的读者给予解答。

参 考 文 献

[1] MOORE M N J. Riemann-Hilbert problems for the shapes formed by bodies dissolving, melting, and eroding in fluid flows[J]. Communications on Pure & Applied Mathematics, 2017,70(9)：1810-1831.

[2] MOORE M N J, RISTROPH L, CHILDRESS S, et al. Self-similar evolution of a body eroding in a fluid flow[J]. Physics of Fluids, 2013, 25(11)：1755-1770.

参 考 读 物

本书受蒋声老师的科普作品《形形色色的曲线》启发,当时阅读的过程至今仍历历在目。三十多年前本人读初二,每天一大早五点半就起来自己做早饭,然后就在昏黄的灯光下边吃泡饭,边看这本有趣的课外书。被书中描绘的各种曲线所吸引,看懂了一小半,又感觉到看不懂。这种被知识灌注的体验特别神奇。薪火相传,三十多年后,我自己也写了一本关于各种有趣曲线曲面的书。特此向以蒋声老师为代表的科普作家启蒙了一大批数理爱好者而致谢。

我在大学读的第二本数学科普书是陈维桓老师的《极小曲面》,书中讲的一些知识是大学数学课本中没有的内容,它开阔了我的眼界。美中不足的是一些极小曲面没有给出具体的表达式,一直困惑了我近二十年。这些问题,最终在这本书上给出了答案。

我从《迷宫中的奶牛》第一次知道了球锥这个神奇的东西,《思考的乐趣》所讲的数学虽然和本书的题目口味不一样,但也能触类旁通,给人启发。《数学都知道》是一本数学万花筒,这套书的第三册甚至还提到了物理相变移动边界的 Stefan 问题,这个问题几乎所有国内的数学物理教科书上都没提及。《惊艳一击》估计和曹老师的其他系列一样,欣赏他风格的人,才会有惊艳一击的感觉。国外也有很多类似的数理科普书,我从 How round is your circle(你的圆有多圆)这本书上获知了镶嵌圆盘的滚动,但它给出的称呼“交错的盘”(slotted discs)不是学术文献上的术语,害得我整整一年时间,上天入地,搜遍网络,也没找到相关文献。直到一次偶然的机会,我才知道了这个物体的学名“两圆环滚动体”(two-circle roller)。这也给我一个提醒:以后写书,一定要给出文献,免得有兴趣的读者大费工夫去寻找。另外,还有一本我非常感兴趣的书籍,是保罗·J.纳辛(Paul J. Nahin)把追击问题撰写成的一本专著。希望有人把这些外文数理科普书翻译出来,让更多的读者阅读。

［1］ 蒋声.形形色色的曲线［M］.上海：上海教育出版社,1999.

［2］ 陈维桓.极小曲面［M］.长沙：湖南教育出版社,1993.

［3］ 伊恩·斯图尔特.迷宫中的奶牛［M］.上海：上海科技教育出版社,2012.

［4］ 顾森.思考的乐趣-Matrix67 数学笔记［M］.北京：人民邮电出版社,2012.

［5］ 蒋讯.数学都知道［M］.北京：北京师范大学出版社,2016.

［6］ 曹则贤.惊艳一击——数理史上的绝妙证明［M］.北京：外语教学与研究出版社,2019.

［7］ JOHN B,CHRIS S. How round is your circle［M］. New Jersey：Princeton University Press，2008.

［8］ JAMES W D. Which way did the bicycle go ［M］. Washington：The Mathematical Association of America,1997.

［9］ PAUL J N. Chases and escapes the mathematics of pursuit and evasion ［M］. New Jersey：Princeton University Press，2007.

后　记

　　首先,感谢我线下和线上的好友默遇给予我的支持和帮助。十多年前我们在数学研发论坛上相识。当时他向我提了很多有趣的问题,而这些问题也是我研究问题的一部分。2021年春我去深圳中学讲学,抽空和他见了一面。谈话间他向我诉说了他考研的艰苦历程,最后向我提出了三个他一直思考的数学难题。而这三个问题也正是目前国内只有我们两个人正在探索和解决的难题,当时心顾茫然。所以,这本书,其实有他精神支持和鼓励的很大部分,在此祝愿他在追求理想的道路上一帆风顺,越走越高。

　　其次,感谢慕理书屋微信群的各位老师,写书累了,就去群里转转。休息一下,汲取能量,可以再继续写作。特别感谢重庆一中的李忠相老师,完美解决了苹果皮展开曲线问题,这是我一直思考半年没有想出来的问题。承蒙他的授权和允许,把他的解答,作为本书的第一个问题。

　　默遇的问题、本书一些问题的计算细节以及其他数理问题,我会在后续书籍《数学,物理和计算》中解答。不过,估计至少要五年之后。因为,这些问题实在是太难了。